まちづくり心理学

城月雅大 編著

名古屋外国語大学出版会

まちや都市に関心のある人、まちづくり、むらおこしなどの問題に関わる人、
少しでも良いまちにしたい、住みたいと願っている人、研究者の方々、
多くの読者のお役に立てることを願って……。

城月雅大・園田美保・大槻知史・呉　宣児

目次

第3章……都市計画とまちづくりに欠けていた視点

第4章……「人」と「場所」の心理学

第5章……まちへの愛着を育む視点とノウハウ

はじめに……「まちづくり心理学」が目ざすもの

この本を手に取られた方の多くが、見慣れないタイトルに大いに疑問や関心をお持ちになったのではないでしょうか。編著者たちは〝前向きに〟そう考えています。

●「まちづくり」と「心理学」？

「まちづくり心理学」という言葉じたい、本書の執筆に関わった四名だけの小さな集団のなかで十年弱前から共有し、構想しつづけてきたものです。[※1] 都市防災論・住民参加論を専門とする二名（城月雅大・大槻知史）と、環境心理学・文化発達心理学を専門とする二名（園田美保・呉 宣児）の研究者からなる小集団です。おそらくは、世界のどこを見渡しても、このような考え方・概念を提示している学術的文献は（良くも悪くも）見当たらないでしょう。

本編に入る前に、なぜ「まちづくり心理学」という考え方をこの本で示そうとするのか、その理由を「まちづくり」と「心理学」の二つの側面からかんたんにまとめてみたいと思います。

今日ではたいへん多くの方が、程度は異なっても「まちづくり」というコトバを見聞きしたことがおありでしょう（「MACHIZUKURI」という英語すらあるくらいですから）。ある人はビルや道路を建設したりすることを想像し、あ

※1 本書の構想に関わる活動の一部は、人間・環境学会の研究委員会「人間環境学の制作応用を考える委員会」として二〇一〇年度、二〇一一年度に承認、助成を受けた。

るいは自治会や地域のお祭りを通じた住民ベースの活動を「まちづくり」だと考えている人もいるかもしれません。

そのどちらも正解です。詳しくは本編で述べますが、まちづくりという概念は、建築学や心理学、文学といった、いわゆる学術的な学問領域や理論というよりも、もっと大きな「入れ物」と考えたほうが本質を理解しやすいと思うのです。たとえば、人口減少やシャッター街などといった「まち」特有の問題について、それを主として住民の参加と力によって解決していこうとする考え方、つまり実践的な「志向性」を持った大きな入れ物、「ボウル（basin）」として考えるわけです。

そしてその「まち」が指すものとは……都市の中心市街地、郊外の住宅地、さらに、現代日本社会において大きな問題となっている地方すべてであって、要するにその空間的な範囲もひじょうに多種多様なのです。ここにはいわゆる都市、街、町、村、地区など、さまざまなレベルのエリアが含まれ、著者たちはそれをまとめて「まち」というひらがな表記で表しています。

いずれにせよ、どのような状態のまち、どこのまちの問題を扱うにしても、一つとして同じまちは存在しない。まずこのことを、私たちは議論の前提にしなければいけません。なぜなら都市やまちは、それを構成するそれぞれ特有の要素との関係によって「全体性」★1を形づくっているからです。

一見すると、中心市街地の空洞化、地方における過疎高齢化などは、日本の

★1 wholeness

どこにでもみられる同じ問題のように思われます。あちこちでまちおこし、商店街再生などのコトバが聞かれます。

それらは、その問題の現れ方においては確かに同じかもしれません。しかしその問題を生み出した背景には、そのまち特有の要素間の（海辺の高齢化した漁師まちであるとか、大きな都市に近いまちであるとか）つながりが存在しています。まちとは、それら固有の要素がつながった、独自の生態系です。つまり、その組み合わせにおいても問題の質や量においても、そのまちの問題はそのまちだけに特有のものなのです。

●まちを知ること、そこに住む人を知ること

こうした点が私たちに示唆している事実は、少なくとも二つあります。

一つは、「まち」が持つ本質的な個性・個別性のゆえに、まちづくりという目的・志向性が、一定の法則と科学的再現性を持つ「理論」にはなりにくいということです。言ってしまえば、あるまちの問題の解決に有効であった手法が、同じ問題を抱えたまちにすぐさま適用可能であるとは限らない、ということです。

こんなことを冒頭で述べてしまうと、そもそも「まちづくり心理〈学〉」なんて成立しないのではないか、と思われる方もいらっしゃると思います。それはそのとおりではあります。しかし、そこは私たち編著者たちの意図するところではありません。むしろ、そうした性質をはらんでいるがゆえに、これまで

一つの学問としてまとめられなかったことが問題だと思います。

より正確にいえば、まちづくりに関しては、かなり広範囲の学問分野と関わることになり、本来なら理論もしっかり構築して、実践的でもあり、現場のまちづくりにも役立つ学問ジャンルとして成立するべきなのに、それができてこなかった。ここに最大の問題があると私たちは考えたのです。

その詳しい説明はあとでもさせていただきますが、とにかく、まちづくりのなかで用いられる手法が、どこのまちにでもそのままでは適用できないという前提を、まず押さえておきたいと思います。

ではどうしたらいいのか。ぎゃくにここから、大切な課題がみえてきます。つまりまちづくりを考えるうえでは、何よりも先にその「まちを知る」ことが基本だ、ということです。そのまちじたいを知らなければ、個性にあふれたまちづくりの方法も、研究することや具体化することもできません。

まちを知るこの大切なプロセスには、いろいろな形があると思います。そこでは、政策その他についての学問的なアプローチが有効であり、また必要になる場合が多いと著者たちは考えてきました。

同時に、もうひとつ。まちを知るということは、そこに住まう人を知る、ということでもあります。リアルな人を知らなければ、やはりまちづくりに活かせないはずですから。

……以上お話ししてきたことが、政策系の研究者と心理学系の研究者が、共同で本書を執筆することになった大きな理由です。

●さまざまな問題を「自分ゴト化」する

まちがそれぞれ個性的であるということは、まちの数だけ、いやそれ以上に多様な課題があるということでもあります。あるまちでは、治安の問題が大きな課題かもしれません。ほかのまちでは、過疎による老人の孤独死が大きな問題です。はたまた別のまちでは、財政、教育、福祉などと、それぞれに個別の案件が、まちづくりにおける大きな課題となっているでしょう。それは個別的な側面にとどまらず、教育の問題が治安の問題とリンクしている、などということも十分にありえます。

まちづくりを考え、実践するということは、その具体的なまちが抱える課題の根底にあるもの、本質的な問題を感知することが必要です。そのためには、やはり多様な分野の知識が必要になるということなのです。

その意味では、まちづくりを考え、実践することは、ひじょうに分野横断的で知的な取り組みであり、多様な知識と教養が求められるだけでなく、それらを結びつける接続力を必要とするといえるでしょう。

こうした接続力は、目の前にある、あるいは目の前に現れるかもしれない問題の芽（たとえば荒廃の可能性）を今のうちに摘み取らなければならない、そんな社会的・政策的な動機から生まれます。そしてまた「自分ゴト化」された動機づけが、それをもたらすものです（ここでいう「自分ゴト化」というのは、「ひとごと＝他人ごと」の反対で、目の前の問題を自分の問題としてきちんと考え対処する、という意味です）。

まちづくりという志向は、そのように、つねに地味でリアルなこうした「実践」を伴わなければなりません。

●「ハコモノ」の時代と「産業革命」

前置きが長くなってしまいましたが、なぜ「まちづくり心理学」という考え方や概念を私たちが提唱しようとするのか、その意図について、別の角度から説明していきましょう。

多くの方々が思い浮かべるまちづくり。そこには依然として公共施設の建設、中心市街地の再開発事業など、いわゆる「ハコモノ」[※2]事業などのイメージがあるかもしれません。そのイメージが妥当なのかどうか検証するため、まずこうしたまちづくり、ひいては都市計画や都市そのものの歴史を、ざっと俯瞰してみたいと思います。

たしかに、この地球上ではじめての文明とされるメソポタミア（「二つの川の間」の意）文明では、高度な農業生産が行われる過程で定住が進み、紀元前三〇〇〇年ころから都市文明が栄えたと考えられます。その意味では、当時か

※2
一般的に、行政が整備する庁舎や公共施設などを指すが、その後の維持管理コストや利用ニーズなどを深く考慮せずに、建設ありきで建てられる傾向を揶揄して用いられる。

ら人間は「ハコモノ」をつくり、計画的にまちづくりを行ってきたわけですが、規模も目的もその主体も、現代とは大きく異なります。壮麗な神殿や宮殿の建設、軍隊用の道路の建設など、建設者たちの「政治的、権力的、社会的、経済的諸動機」[※3]がおもな理由だったのです。

ある意味で素朴な意図によって行われたこの都市づくりを「古代の都市計画」と呼ぶとすれば、その形が大きく変わったのが、一八世紀後半から一九世紀にかけてイギリスで起こった、「産業革命」[★1]の時代です。これ以降、私たちの近代都市計画に直結していきます。

詳しくは第1章に譲りますが、この時代、蒸気機関の発明による動力の獲得によって、産業の劇的な発達と交通革命が引き起こされました。その結果、ロンドンやマンチェスターなどで急激な人口増加が生じます。都市インフラの整備はそれに追いつかず、都市環境の悪化と、都市住民の深刻な健康被害をまねくことにもなりました。

こうした問題を背景に、一八四八年に「公衆衛生法」[★2]が成立、その後、七二年、七五年の改正を経て公衆衛生法における一つの到達点をむかえました。その後、一九〇九年には「住居・都市計画法」[★3※4]が成立します。近代都市計画の幕開けです。要するに、近代の都市計画という「まちづくり」は、都市の衛生問題の解決を図ることを大きな目的の一つとして登場したのです。

※3 日端康夫『都市計画の世界史』に詳しい（参考文献）。

★1 Industrial Revolution

★2 Public Health Act

★3 Housing, Town Planning etc. Act

※4 この法律では、いわゆる「Back-to-back house」と呼ばれる住宅、つまり玄関を除いた面の壁を隣接する住居と共有する住宅（窓がない）の建設を防ぐため、地方自治体に都市計画システムを導入することと、一定の基準に沿った住宅建設を定めた。29頁図3参照。

●江戸から東京へ。都市計画法の成立

日本ではどうでしょうか。イギリスで誕生した都市計画が実質的にわが国に登場することになったのは、一八八八年（明治二一年）の「東京市区改正条例」の公布による東京市の都市改造でした。このあたりの歴史的な詳細は、やはり第1章でお話しすることにしましょう。

ともかく、日本でも紆余曲折を経たのち、昭和のころになると近・現代的な都市計画法・都市計画が生まれていきます。しかしそれは、時代とともに多くの課題に直面していくことになりました。なかでも深刻だったのが、モータリゼーションです。高度経済成長による国民所得の増大は、自動車保有率を高めていきました。モータリゼーションの進行は、都市部への人口の集中と相まって都市の郊外化（アーバンスプロール）を引き起こし、その結果、地方においては中心市街地の空洞化という問題をもたらしました。

本来の中心市街地は、歴史的にそのまちの「顔」として発展してきたものです。そんな中心市街地の衰退は、本書の中心的なテーマの一つである「地域らしさ」[※5]の喪失を生み出すことになりました。場所に関する現象学的考察で著名なE・レルフの言葉を借りるなら、「どれも同じような、あたりさわりのない経験しか与えない場所」[★1]が全国各地に誕生したのです。この事態は国や自治体の思惑とは逆に、さらに人口の大都市への集中と地方の衰退をもたらすことになりました。

※5 この問題については、E・レルフ『場所の現象学』において、「没場所性」という概念で説明している（参考文献）。他にも現象学的アプローチから場所を論じた代表的人物としては、オーギュスタン・ベルク、ガストン・バシュラール、ノルベルグ・シュルツなどがあげられる。「空間」・「場所」について、包括的にまとめている文献としては、Phil Hubbard eds.(2004)“Key Thinkers on Space and Place” Sage Publications が参考になる。レルフについては本書七二頁など参照。

★1 一九七六（参考文献）

こうした状況のなかで、一九八〇年代ごろから徐々に広がりをみせるようになってきた考え方があります。国主導の都市計画よりも、住民が主体となって自分たちのまちを作っていくというものです。これまでのトップダウン的な都市計画、政策運営に対するアンチテーゼ（反対の理論）として、「まちづくり」という言葉が誕生したのです[★1]。

ちなみにこの「まちづくり」というコトバが、少なくとも記録で確認できるものとして最初に使われたのは、日本の都市計画に関する代表的な学術団体である日本都市計画学会が、一九七九年に開催したシンポジウムの報告書においてだと考えられます。この時期をさかいに、都市計画の分野でまちづくりが大きなテーマとなっていきました。

★1 第1章1参照

●まちが好きだからこそ、の「まちづくり」

しだいに、都市計画におけるまちづくりの重要性が認識されていきます。それはさまざまな住民参加のための手法の開発、たとえばワークショップ技法、シミュレーション、合意形成手法などを編みだすことになり、手法が妥当であるかどうかについて研究者や実務家によって議論されるようになりました。こうした流れが、現場でのまちづくりの実践を大きく支えたこと、それは疑いようのない事実です。

しかし、きわめて単純なポイントが見過ごされていたのではないでしょうか。

それは住民が「まちが好きだからこそ、まちのために動く」というシンプルな事実です。どれだけワークショップや合意形成の技法が洗練されても、その場に出てくる住民がいなければ、まちづくりは実現しないのです。

ひとことで「住民」といっても、一様ではありません。まちづくりに積極的に関与する人もいますが、他方で仕事や家事・育児に追われ、参加したくてもできない人たち、そもそも関心のない人たち……、住民はそれぞれに異なるプライオリティ（優先度）を持っています。

「まちづくり」というコトバじたい、一見すばらしい理念や公益性をはらんでいるように見えるがゆえに、ある意味で厄介です。参加しなければいけない、そして参加すべきだ……、そうした見えない圧力が、半ば強制的で硬直化したまちづくりをもたらしているのではないか（たとえば、会議に出席するのは毎度同じ顔ぶれであるとか）。このような形でのまちづくりが、現在の人口減少社会において持続不可能であることは言うまでもないでしょう。

どうしたら住民がまちを好きになるのか？　どうしたら、その気持ちをまちづくりの実践に活かすことができるのか？　この単純な問いが、都市計画を含むまちづくりの議論や理論では、残念ながらほとんど明示的に注目されてこなかったのです。ではこうした住民とまちとの関係について、他の分野でも同様に議論されていなかったのでしょうか。

●人間らしさが生み出した「環境心理学」

心理学の領域でも、とりわけ「人間」と「環境」との相互的な結びつきがもたらす心理的影響というものにとくに関心を向けて発展したのが、「環境心理学」[★1]と呼ばれる心理学の一分野です。

環境心理学が日本で知られるようになったのは、比較的近年になってのことで、「日本環境心理学会」が誕生したのは二〇〇八年。しかしその原点は、第二次世界大戦後のアメリカでした。

第二次大戦後、多くの負傷兵たちが戦場から戻ってきました。負傷兵が病院で治療を受けていくなかで、本来であれば順調なはずの彼らの回復が、思うように進まないケースも多く見られるようになりました。彼らが置かれていた病室は、まさに病院然としたベッドと、必要最低限のしつらえだけがあるという、けっして恵まれた環境ではありませんでした。

こうした問題とともに、画期的な考え方が登場してきます。ケガや病気の治療には、必要な治療・医療行為だけが提供されればよいのではない。入院患者が置かれている(物理的)環境にも配慮がなされるべきではないか。患者であっても、人間らしい周辺環境こそが精神的やすらぎをもたらし、それがケガや病気の治癒に肯定的な影響をもたらすのでは、という考え方です。

その問題意識が、環境心理学の前身ともいえる「建築心理学」と呼ばれる学問分野を生み出しました。[※6]つまり、当初は人間と、その入れものとしての建築

★1 Environmental Psychology

※6 Mirillia Bonnes & Gianfranco Secchiaroli, Environmental Psychology, Sage Publications, 1995

物など、おもに物理的環境との関係に焦点が当てられていたわけです。

　しかし「環境」という概念は、やがて対人関係やプライバシーといった、社会的な環境をも含むものとして位置づけられるようになります。その結果、人間と環境とのより広い関係性を扱う学問分野、「環境心理学」が登場することになりました。

　こうして誕生した環境心理学の枠組みでは、環境の認知や知覚、対人行動、環境とストレスの問題、労働環境や学校環境の問題など、多岐にわたるテーマが研究の対象となっていきます。

●「場所への愛着」という概念

　環境心理学の分野では、とくに人間と「場所」との心理的問題について研究が進みます。「住まい」環境（住んでいる場所や住居）というテーマで、検討が行われていくことになったのです。とりわけ大きな理論的視点を提供することになったのが、「場所への愛着」という考え方です。

　一九九二年、心理学者のセタ・ロウ★1とアーウィン・アルトマン★2が、その著書『人間のふるまいと行動における場所への愛着』★3で提示した「場所への愛着（Place attachment）」という概念は、人間と場所との肯定的な心理的結びつきを表すものです。

　この二人の心理学者は、「場所への愛着」を「集団あるいは個人とその環境

★1　Setha Low
★2　Irwin Altman
★3　Place Attachment Volume 12 of Human Behavior and Environment（参考文献）

とのあいだを発展させる肯定的な結合材」として用いました。詳しくは第４章にゆずりますが、ごくかいつまんで言えば「集団あるいは個人の、ある場所に対する〈好き〉という感情」と表しても、さしつかえないでしょう。もちろん、無機質かつ地理的概念としての「空間（Space）」ではなく、すでに「場所（Place）」として認識している時点で、そこには何らかの心理的な結びつきが含まれているわけですが。

みなさんにも、それぞれにお気に入りの大切な場所が、ひとつやふたつはあるはずです。カフェだったり、自分の部屋や、隠れ家的なレストランであったり、雑貨屋さんだったり……。そうしたあなたにとって大切な場を表現するとき、おそらく多くの人は「大切な空間」とは言わないでしょう。「大切な場所」と表現するはずです。「場所への愛着」というこのコトバ・概念こそが、本書のもっとも重要なキーワードのひとつでもあるのです。

●場所への愛着からまちづくりへ

これまでの環境心理学における「場所への愛着」問題は、先に述べたとおり、「住まい」環境という文脈のなかで議論されてきました。それは、本書の共著者の一人である園田が指摘しているように、★1 この問題がおもに「アメリカ社会という人口の大きな流動性に起因したもの」であるからです。

アメリカという国そのものが、いわゆる「人種のるつぼ」と表現される移民

★1　二〇〇二年（参考文献）

社会です。また、アメリカ合衆国のセンサス（統計）局の調査によると、平均的なアメリカ人は生涯のうちに、おおよそ一一・七回の引っ越しをするとされています[※7]（ちなみに、日本人の平均は四回程度といわれる）。

彼らは、ライフサイクルや経済的環境の変化など、さまざまな環境の変化によって住居を変えるわけで、そのことじたいが、アメリカ人のライフスタイルといってもいいほどです。

こうした環境では「場所への愛着」問題についての研究は、おもに住まいや住区への愛着が個人の心理に何をもたらすか、という観点から行われてきました。かんたんにいうと、住まいとしての環境→個人（あるいは集団）への影響、という見方です。その逆、つまり個人や集団が、どのような空間に対して場所への愛着を形づくるのか、さらに発展して、場所への愛着がどのようなまちづくり的行動をもたらすのか、そんな政策的志向を意識した研究は近年までほとんど行われてきませんでした。

近年すこしずつではありますが、場所への愛着と、環境への配慮の行動や、レクリエーション施設への支払い意思額などに関する研究が登場してきましたが、全体からみればごくわずかにすぎませんし、その対象も限定的なものにとどまっています。

これまで序章で述べてきたことが、本書の執筆の動機であり、また問題意識

※7
アメリカセンサス局（U.S. Census Bureau：日本政府〈総務省統計局〉の日本語訳による）の二〇〇七年の試算にもとづく。

なのです。まとめてみましょう。

○まちづくりや都市計画といった領域における、人間の心理的問題に対する理解が不足している→まちづくり心理学の必要性

○心理学の領域における、政策的志向性の弱さ→まちづくり心理学の必要性

……さらに、本書の執筆に大きな動機づけを与えたマンゾ[★1]とパーキンス[★2]の言葉を借りるなら、「分野横断的な協働が欠けていることと、さまざまな学問領域における視点の違い」という事実があること。

その意味で、私たち編著者が本書「まちづくり心理学」として提起しようと試みる学問領域は、都市計画や環境心理学といったいずれかの学問分野の細分化を目的とするものではありません。

むしろその両者を接続させる「結合材」の役割を担おうとするものであり、同時に、現実のまちづくりの現場において役立つこと、適用への可能性を探求することを意図するものです。本書は、そのたたき台として執筆しました。

執筆者を代表して　城月雅大

★1　L. Manzo
★2　D. Perkins（参考文献）

【参考文献】
日端康夫『都市計画の世界史』講談社現代新書（二〇〇八）
E・レルフ『場所の現象学—没場所性を越えて』筑摩書房（一九九九）
Irwin Altman & Setha M. Low, Place Attachment (Human Behavior and Environment), Springer, 1992
園田美保「住区への愛着に関する文献研究」九州大学心理学研究3、二〇〇二
Manzo, L.C. & Perkins, D.D. Finding common ground: the importance of place attachment to community participation in planning. Journal of Planning Literature, 20, 335–350, 2006

第1章……都市計画とまちづくりの歴史

1-1 メソポタミアから現代日本まで

【城月】

●文明とともに生まれ、発展した都市

「まちづくり」というコトバには、かなりシンプルな語感があります。しかし、それとは正反対に、まちづくりが目ざすものとその実践が含む領域には、ひじょうに幅広い意味が含まれています。たとえば、公共施設の建設や道路、下水道の整備といった、おもに都市計画や土木の領域で行われるハード面の整備も、とうぜん「まちづくり」のだいじな要素です。「むらの祭」「イベント」などといったソフト面の仕掛けも、もちろん重要な項目です。

では、そもそも「まちづくり」というコトバがなぜ登場することになったのか。ここでまちづくり誕生の背景にある、都市をつくるという行為について、かんたんに歴史的な流れをまとめておきましょう。都市は、人類がつくりあげた文明とともに生まれ、発展してきました。

紀元前三〇〇〇年ごろ、現在のイラクを中心に、シリア北東部のメソポタミアでは、都市国家が繁栄しました。「メソポタミア」は、ギリシャ語で「二つの川の間」を意味する言葉です。そのとおり、ここにはティグリス川とユーフ

図1 メソポタミア文明発祥の地

ラテス川という大きな河川が流れています（図1）。

これらの河川は定期的に氾濫をおこし、その結果として肥沃な腐植土をこの土地に運んできたために、農耕が発達しました。この安定的な食料供給によって人々の定住が進み、集落が形成され、そして都市国家が形成されていったのです。都市国家の増加とともに人口のほとんどが都市に集中するようになると、都市は城壁によって人々に安全を提供し、繁栄を約束する場となりました。

このメソポタミア文明の初期において、もっとも有力な都市として繁栄したのがウルクです。ウルクでは、世界初の文字（ウルク古拙文字）が発明されました。このメソポタミア文明を含むいわゆる四大河川文明（エジプト・メソポタミア・インダス・黄河）では、農耕が発達することで、人類ははじめて都市化を経験しました。ちなみに「文明」をあらわす英語は「Civilization」。Civilize すること、つまり、都市化することこそが文明化なのです。


さて、それぞれの文明における都市の形成過程や構造をみていくと、都市が意図をもって作られてきたことがわかります。その意味では、人間は太古の昔から都市を「計画的」に作ってきたといえます。では、古代に「計画的」に作られた都市と現代の都市計画とでは、どのような違いがあるのでしょうか。

メソポタミア文明を生み出したシュメール人は、都市を神の住まいとして考えていました。そのため「ジッグラト」と呼ばれる巨大な聖塔をシュメール都市に築きました。ジッグラトはまず神が訪れる場と考えられましたが、同時にこうした大規模な建造物は、王の権力を象徴するものとして壮大であることが求められたのです。そして都市はまた、周辺の都市国家の侵略から都市を守るという防衛上の目的により、城壁の構築や町割りが行われました。

●エジプトは「都市なき文明」？

古代エジプトにおいては、王（ファラオ）は神と同一の存在でした。この点で、王が神の代理人（都市の神に仕える下僕）とされていたメソポタミア文明とは異なります。エジプトの王は、強大な権力を持ち、その力によって村落を支配し、多くの富を獲得しました。王はこの富を用いて、都市や神殿といった公共施設を建設しました。しかしなによりも「死後の永遠の生命を象徴し、自己の身体の保存によって、共同体のために自己の権力の継続を保証する記念墳墓」の造営に、多大な労力を投じたのです。

古代エジプト文明は「都市なき文明」と言われることもありますが、[※1]じっさいは少し事情がちがうようです。神々の都市としての角柱やピラミッド、オベリスク、スフィンクスなどは、永遠に残すために石造で建設されたのに対して、王の宮殿を含めて市民たちの住居などは、やがては捨てられる仮住まいとして日干し煉瓦で建設されました。その都市であったはずの遺構は、きびしい自然環境のなかで、現在はほとんど形をとどめておらず、メソポタミアの都市と比

※1
J. Willson, Egypt through the New Kingdom: Civilization without Cities, City invincible: a Symposium on Urbanization and Cultural Development in the Ancient Near East held at the Oriental Institute of the University of Chicago, December 4–7, 1958

べて古代エジプトの都市の理解を難しくし、「都市なき文明」などといわれてきたことになります。しかし近年の考古学的調査の結果、「ヘラクレイオン」の都市遺構が海中から見つかるなど、当時の姿が明らかになりつつあります。

●インダス諸都市の「目的」は「宗教センター」

インド亜大陸に生まれたインダス文明は、インダス川流域を中心に、紀元前二六〇〇年ころにおこった文明とされています。この文明の存在が確かなものになったのは、一九二〇年のハラッパー遺跡発掘と、一九二二年に始まったモエンジョ＝ダーロ遺跡の発掘によってでした。

インダス文明の特徴は、これらの都市が「計画都市」として整備されていた点にあります。モエンジョ＝ダーロは、市街地と城塞部が分離し、大沐浴場や会堂、排水設備が整備され、市街地には大通りが存在していました。しかも、徐々に理想的な都市を形成していった形跡はなく、当初から計画されて整備されていたと考えられています。当時の人々が、その都市計画的な発想をどのように得て、設計図をつくり、正確な規格にもとづいた煉瓦を用いて都市を建設したのか、それは今でも謎のままです。

ところで、モエンジョ＝ダーロを頂点としてインダスの諸都市に建設された城塞は、「宗教センター」[※2]の役割を担っていたとされています。

乾燥地帯であるこの地域にとって、インダス川は生命の維持と食料生産にな

※2 金関恕・川西宏幸『都市と文明』朝倉書店（一九九六）

くてはならない「恵みの神」であり、同時に大洪水などの氾濫によって都市を破壊し、生命を奪い去る「恐るべき神」でもありました。こうした考え方が、インダス諸都市における高度な排水設備や水浴び場といった、水へのアクセシビリティにこだわる都市計画が行われた理由の一つでしょう。

以上のように、人類最古の諸文明においても、すでに都市が「計画」され建設されてきたことがわかります。

「計画」とは「ある目的を達成するための工程表を描いたパッケージ」です。この目的とは、ひとことでいえば軍事的な意図や、権力者による政治的意図の表現、あるいは宗教的なものでした。これらは古代文明やそれ以降のローマなどの諸都市にも、おおよそ共通するものです。まさしくそのために「計画」された点が、近・現代の都市計画と大きく異なるポイントなのです。

次項では、今のわたしたちにも直接かかわってくる、近代以降の都市計画についてまとめていくことにしましょう。

●近代的な都市計画の誕生と衛生問題

近代の都市計画は、十九世紀のイギリスで誕生しました。

古代文明以来の都市とは大きく異なり、近代における都市の誕生の背景には、経済的な要因が決定的な作用をおよぼしています。序章でも触れたように、近

図2　ジンで酔っぱらう町人

代都市は、イギリスに端を発する「産業革命」と密接な関係があります。

「古代や中世にも巨大都市がみられたが、それらが美しく整った宗教や芸術の香りのする都市であったとすれば、産業革命時代に現れた都市は、石炭の煙で汚れ、プロレタリアがひしめきあうきたない町であった」

経済史家の角山栄らは、当時のイギリスの都市について、右のように描写しています。※3 一八世紀半ばから一九世紀前半にかけて起こった「産業革命」は、都市の急速な肥大化を招きました。しかも、社会基盤の整備ペースの追いつかない急激で無秩序な都市化の進行は、スラム街の形成、環境汚染、アルコール依存者の蔓延（図２）など、さまざまな都市問題を引き起こすことになります。ここにはまだ、「近代都市計画」は存在していなかったからです。

じっさい、産業革命期のイギリスの労働者住宅は、二つの長屋が背中合わせになった「背割り長屋《バック・トゥ・バック》」と呼ばれる建築形態が一般的でした（図３）。中庭側の住宅は年じゅう陽の光が届きにくい構造になっており、風通しもひじょうに悪かったために、湿気と汚臭につねに覆われていました（こうした長屋では共同のトイレやゴミ溜めが中庭に置かれていた）。

またこのような労働者住宅は、その多くが簡素で粗悪な排水設備だったか、あるいはほとんど対策を講じずに建設されていたようです。水はけが悪く、汚物や廃棄物が路上に散乱しており、コレラや感染病が蔓延する原因となりました。

※3
角山栄・川北稔・村岡健次『生活の世界歴史〈10〉産業革命と民衆』河出書房新社（一九九二）

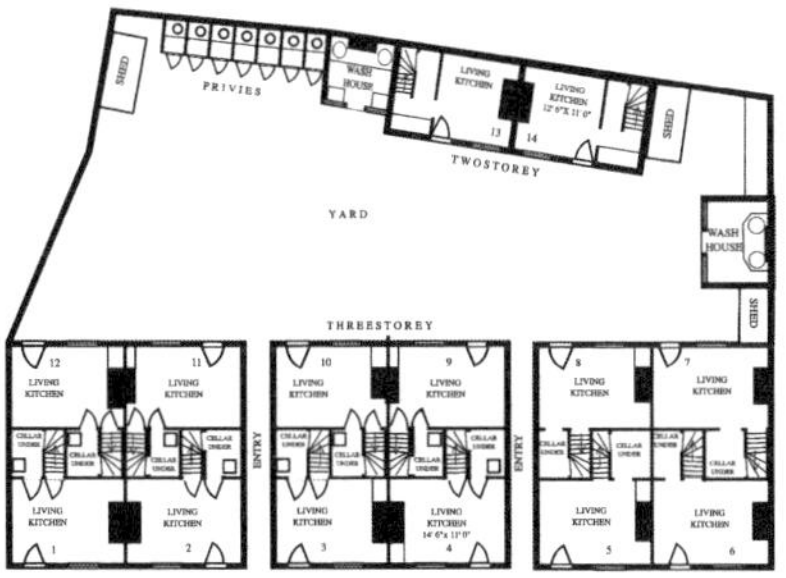

図3　Back-to-back

一九世紀半ばのイギリス人の平均寿命は、男性で四〇歳ほどでした。しかもこれは全人口の平均であり、次に述べるように、労働者階級においてはさらに低かったのです。

●「公衆衛生」からはじまった「近代都市計画」

こんな状況のなかで、都市の衛生環境の改善に大きく貢献をしたのがチャドウィック[★1]です。彼はまず、イギリス全土の大都市のみならず、農村なども含めた地域の衛生状態を実地調査しました。調査結果は一八四二年、チャドウィックによって「大英帝国における労働人口集団の衛生状態に関する報告書」[★2]としてまとめられています。

六〇〇ページを超える膨大な調査結果のなかでも、とりわけ目を引くのが、一八三九年のロンドンの、ある地区における階級別の平均寿命です。特権階級、あるいは専門家およびその家族の平均寿命が四五歳であったのに対して、機械工や召使い、肉体労働者などの労働者階級の平均寿命は、驚くべきことに一六歳であったことがわかっています。

チャドウィックは、この報告書を一八四二年に議会上院に提出、翌年には都市と過密地区に関する王立委員会が設けられました。その後いくつかの報告がなされますが、一八四八年には「公衆衛生法」[★3]が成立することとなりました。その後の七二年の改正で、この公衆衛生法によってはじめて、国が国民の健康

★1 Edwin Chadwick, 1800–1890

★2 Sanitary Conditions of the Labouring Population of Great Britain

★3 The 1848 Public Health Act

と衛生環境の基準について責任を持つことになりました。地方自治体は、公衆衛生の管理運営にあたること、つまり公衆衛生はそれぞれの自治体によって行われ、住民自らが自分たちの地域の衛生環境の向上に関与することが期待されたのでした。

また地方自治体においても、住民（＝納税者）の少なくとも一〇分の一からの請求があったばあい、あるいは当時のイギリス国民一〇〇〇人あたり二三人の死亡率を上回るばあいは、強制的に地方保健局[★1]を設置する権限が与えられました。

地方保健局の具体的な権限は、水の供給、下水、有害施設の規制、食品の安全性、道路の舗装、ごみ収集などの衛生問題を管理・監督するものでした[※4]。この法律では首都であるロンドンが適用外になるなど、さまざまな妥協がなされたものの、イギリスにおける都市の衛生環境改善のための大きな一歩となったことはまちがいありません。

●「二つの国民」と公営住宅制度

一八五一年には住宅の衛生状態の改善に関するはじめての住居法、いわゆる「シャフツベリー法」が定められ、衛生的な視点にもとづく住宅規制の制度が整えられました。また一八六八年には、一般にトーレンス法と呼ばれる「職工および労働者住宅法」[★2]が制定されました。不衛生な住宅に居住する住民に、そ

★1　Local Board of Health

※4　E. Fee & T. Brown, The Public Health Act of 1848

★2　Artisan's Labouring Dwelling Act

の住宅を廃棄するか修繕させることを強制できる法制度です。

さらに一八七五年には、トーレンス法の改正法である「職工労働者住宅改良法（クロス法）」が制定されます。この法律はその後のスラム・クリアランス[★1]に関する法規の起源とされるもので、地方自治体に、スラム・エリアを買い取り、劣悪な住宅を取り壊し（スラム・クリアランス）、再開発（再収容）する権限が与えられました。この法律では、住民に対する代替住宅の提供（再収容）も義務づけられました。[※5]

ここまでの法律は、あくまで不衛生な住宅の問題の解決に関するものでした。しかし、一八九〇年に制定された「労働者階級住宅法[★2]」は、従来のスラム・クリアランスを目的とした法律とは一線を画し、イギリスにおける公営住宅制度を確立した制度となりました。

このようにして、近代都市計画の基盤としての法整備は、一九世紀のイギリスでまず用意されたことになります。

ところでなぜ、当初はスラム問題の解決のための住宅法・その改良法だったものが、労働者階級の住宅、ひいては自治体の公営住宅の建設にまでつながっていったのでしょうか？

これにはイギリスの議会制度についての理解が必要ですが、かんたんにまとめれば、資本家や労働者などの「産業革命」によって爆発的に増加した新しい

★1　Slum Clearance

※5　椿建也「大戦間期イギリスの住宅改革と公的介入政策—郊外化の進展と公営住宅の到来—」『中京大学経済学論叢』18号、二〇〇七年三月

★2　Housing of the Working Classes Act

階級と、議会を独占していた貴族や聖職者など旧来の階級とに二分された、つまり「二つの国民」に分断されたイギリスを「一つの国民にする」ための基本的な基盤づくり、という側面があったことを指摘しておきます。※6

●住宅環境の確保、適正な空間利用という目的

一八九〇年に「労働者階級住宅法」が制定され、イギリスの自治体による公営住宅制度が確立しました。しかしじっさいは、ロンドンなどの大都市ではこの法制度が活用されたものの、多くの自治体では財政的問題から公営住宅の建設には消極的でした。こうしたなかで一九〇九年ついに成立したのが、イギリス初の「住宅・都市計画法」★1です。繰り返しますが、イギリスにおける都市計画は産業革命をきっかけとした公衆衛生、そして労働者の住宅環境改善の動きの延長線上に誕生したことになります。

この最初の「都市計画法」の要点を列挙してみましょう。※7

①地方自治体による公営住宅の必要量の算出と、それにもとづく住宅建設
②住宅用地のみならず、リクリエーション空間、教会、作業場等の用地確保のための、自治体の強制土地購入権の確保
③地方自治体への住宅購入、改良の権限の付与
④条例の策定による過密居住の抑制と、適切な住宅の保証
⑤人口二万人以上の都市すべての都市計画の承認の義務づけ、など

※6
東秀紀「イギリス近代都市計画の理念（1）—創成期：公衆衛生から田園都市まで」『清泉女学院大学人間学部研究紀要』1、二〇〇四年

★1 Housing, Town Planning, Etc., Act

※7
藤原一哉「イギリス公営住宅政策の形成と住宅経済の発展—1919年住宅諸法を中心として」『經濟論叢』第138巻 第3・4号、一九八六年

要するに、イギリスで初めて誕生した都市計画法のおもな目的は、人間居住にふさわしい住宅環境の確保と、都市における適正な空間利用を実現することにあったといえます。明らかに、近・現代の都市計画の基本的な萌芽がここには用意されていたのです。

その後も、幾度にもわたってこの法律は改正されていくことになりますが、近代都市計画の幕開けとなったこの法整備は、やがてアメリカ、ドイツ、フランス、そして日本など先進国の都市計画へと影響を与えていきます。

●近代都市計画の誕生と社会改革者たち

イギリスにおける近代都市計画の成立過程で登場した、三人の主要な人物を紹介します。彼らは都市と人間生活のあり方に問題提起を行い、改革を試みたのです。その考え方や「業績」をかんたんにまとめましょう。

ロバート・オーウェン[★1]と「ニュー・ラナーク」

オーウェンは、イギリス産業革命期における労働者問題について、いち早く取り組んだ社会改革者の一人です。ウェールズに生まれたオーウェンは、スコットランドのニュー・ラナークの紡績工場の経営者となりました。

当時の紡績工場の労働環境は、きわめて劣悪なものでした。そこで彼は、労働時間の短縮、児童労働の制限などの環境改善を行うために、工場法の制定に尽力したのです。また、自らの工場内に学校を設立し、子どもの教育環境を改

★1 Robert Owen 1771–1858

善すると同時に、労働者が生活物資を共同購入できる施設を設立、現代の生活協同組合の原型をつくりました。やがてアメリカに渡ったオーウェンは、社会主義的な理想郷として「ニューハーモニー村」の建設を試みましたが、これは失敗に終わっています。そしてこうした試みは、マルクスやエンゲルスなどから「空想的社会主義」※8として批判されました（図４）。

ウィリアム・モリス★1と『ユートピアだより』

ウィリアム・モリスは、イギリスの思想家、デザイナーです。今も彼のデザインした壁紙やステンドグラス、美しい書籍などはよく知られ、一部は市販されています。柳宗悦《やなぎそうえつ》らによる日本の民芸運動などに大きな影響を与えました。

一八九〇年に物語『ユートピアだより』を発表しました。機械化の進展に伴う人間疎外、中央主義的体制から、革命を経て法律や政府などが消え去り、手仕事による労働が最大の喜びになっていくという、社会主義的理想郷の建設をテーマにした物語です。二二世紀のイギリスで、資本主義社会とその象徴である大都市が「消え去り」、庭園のような農村風景が広がっていく様子が描かれています。

モリスの思想をひとことでいえば、生活と芸術を一致させよう、というものです。そのデザイン思想と実践は、「アーツ・アンド・クラフツ運動」と呼ばれました。現在も続く一九世紀末からの新デザインの、一つの源流にもなっています。

※8　オーウェンやフーリエ、サン・シモンらが代表的で、労働者階級からの社会の変革を目ざしたが、具体的な手段や道筋を示さなかったために「空想的」と批判された。

★1　William Morris 1834–1896

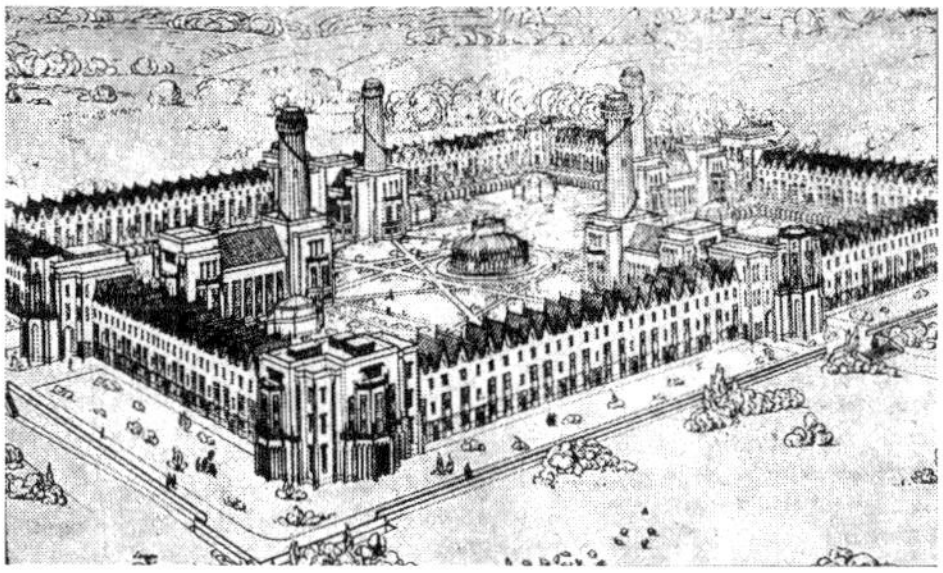

図4　ニューハーモニー村

エベネザー・ハワード[★1]と『明日の田園都市』

ハワードは、近代都市計画の祖と呼ばれます。ハワードの主著『明日の田園都市』[★2]は、一八九八年に出版された『明日――真の改革に至る平和な道』が改定されたものです。

産業革命による都市環境の悪化、都市住民の生活における荒廃から、「どうしたら都市の磁石に引き寄せられて流出する人々を美しい土地に戻せるか」[★3]という目的のもとで、都市か農村かではなく、都市的利便性と田園的な快適な生活環境を両立する都市の形として「田園都市」を構想しました。ハワードは構想だけでなく、第一田園都市会社を設立し、ロンドンの北方約五五キロメートルの農地を買収、じっさいに、レッチワース[★4]という田園都市を建設しました。いわばニュータウンの原点です。レッチワースはイギリスの都市開発の一原点となり、また日本でも渋沢栄一らによる「田園調布」開発に多大な影響を与えました。

●都市計画からまちづくりへ……日本の流れ

イギリスの産業革命を経て誕生した、近代都市計画。それを特徴づけるとすれば……。まず都市の適正な空間利用を通じた、都市環境の改善に関する理論的枠組みであること、そして実践でもあるということ、この二点です。これによって都市衛生を改善し、都市機能の充実を図り、住民の健康かつ文化的な生

★1 Ebenezer Howard 1850–1928

★2 一九〇二 Garden City of To-Morrow

★3 平竹、二〇〇五（参考文献）

★4 Letchworth Garden City

活を担保することに第一の目的があるわけです。

近代都市計画はやがて日本にも取り入れられ、独自の形をとりつつ変化していきます。その日本の都市計画の流れと内実について、概略をみていきましょう。都市計画の持つ役割が、時代ごとに大きく変化することがわかっていただけると思います。


日本で初めて近代的な都市計画的な思想が現れたのは、明治に入ってからです。かつての江戸は「東京」へと名称が変わりましたが、東京は江戸時代から続く課題を抱えたままでした。高密度な町割になっていること、またほとんどの建築物が木造建築であって、耐火性、耐震性に欠けていたことです。

事実、江戸時代には何度も大火が発生しました。なかでも明暦の大火（一六五七年）、明和の大火（一七七二年）、文化の大火（一八〇六年）は、「江戸三大大火」として知られています。とくに明暦の大火は最大規模の延焼範囲と死者数を出し、江戸城の天守閣も焼失しました（天守閣の再建計画は出されたものの、実行されることなく現在に至る）。

ちなみに、江戸の人々の精神性を表現する「江戸っ子は宵越しの銭は持たない」という言葉。一般に江戸っ子の気前の良さを表すものとして理解されていますが、じつは現在のような銀行のなかった時代、お金は自宅に置かれていたわけで、度重なる火災によって自宅がなくなることもある、だから貯《た》めこんでも無駄だ、そういった都市背景も、言い回しの理由の一つだと考えられます。

けっきょく新時代になっても課題は解決されず、一八七二年（明治五年）には、いわゆる銀座大火が起こり、東京の中心地が消失することとなったのです。この大火をきっかけとして、日本初の西洋風不燃建造物として「銀座煉瓦街」の建設計画が持ちあがることになりました。この建設は都市の不燃化と西洋化を目的としながら、同時に「江戸幕府の旧体制を一新させる狙い」[★1]がありました。また計画には、歩道と自動車道を分けること、街路には街路樹を植えることが組み込まれました。しかし銀座煉瓦街計画は、煉瓦建築への入居率の低さなどの問題もあり、実績としては当初の予定よりも建築面積は少なく、一八七七年に事業じたい終了することとなったのです。

★1　岡本、二〇〇四（参考文献）

●日本の都市計画法の第一歩「東京市区改正条例」

東京はその後、いくつかの大きな課題を抱えながら発展していきます。まずは、右に述べた大火などへの防災対策。そして、新しい帝都としての東京の都市的威容を顕示するための、東京大改造計画。

こうした情勢のなかで、一八八〇年（明治一三年）に、当時の東京府知事・松田道之によって、「東京中央市区劃定之問題」が提起されます。また、翌年の一八八一年（明治一四年）には、「防火路線並《ならびに》ニ屋上制限規則」が公布されました。この規則では、一二二本の道路や水路沿いを防火路線として指定し、沿線上の建築物には、煉瓦造か土蔵、石造のいずれかに改築することを義務づけ、違反者には強制解体を通知するなどの強力な措置がとられました。[※9] また同年には、衛生上、防火対策上、さらには体面上も問題となっていた、江戸時代からの貧民街地区のスラム・クリアランスが、当時の東京府によって行われました。計画されようとしていた東京市区改正の動きも踏まえたものでした。[※10]

その後の一八八四年（明治一七年）、東京府知事・芳川顕正は山県有朋内務卿に対して「東京市区改正」に関する意見書を提出します。芳川知事は「全体計画」を策定したうえで、優先順位の高いものから取り組んでいくべきことを主張、これを受けて同年には、東京市区改正審査会が内務省に設置されることになりました。[※11]

設置されたこの東京市区改正審査会において、改正すべき道路や河川、橋梁の基準などについて議論、調整がなされた結果、一八八八年（明治二一年）に「東京市区改正条例」が元老院に付議されました。しかしそのときの元老院では、軍備増強や財政的問題を理由に、条例は廃案とされてしまいます。

この結果に反対した内務大臣の山県有朋、大蔵大臣の松方正義は、閣議に「東京市区改正条例」を提出。閣議了承のうえで、勅令によって同年、日本の都市計画法の第一歩となる「東京市区改正条例」が成立することになったのでした。

けれども成立した「東京市区改正条例」は、最終的には道路や河川といったあくまで線的な計画にとどまるもので、しかも市街地に限定されていました。

※9
栢木まどか・伊藤裕久「東京の近代における防火地区の変遷と震災復興期の共同建築に関する研究」『日本都市計画学会都市計画論文集』No.43－2、二〇〇八年

※10
石田頼房「「東京中央市区劃定之問題」について」『総合都市研究』第7号、一九七九年

※11
国立公文書館「変貌－江戸から帝都そして首都へ－」31。「芳川顕正東京府知事の〈市区改正〉意見書」を参照。

●空間を「都市」にする建築も考える

一九世紀から二〇世紀に突入するころになると、都市への人口集中が急速に進みます。この結果、旧東京市域は高い人口密度となり、住環境の悪化、さらには防災上のリスクも高まっていきました。

こうした状況のもと、一九一九年（大正八年）には、現在の建築基準法の元となる「市街地建築物法」と「都市計画法（旧法）」が制定されます。これによって、日本で初めて用途地域制度（いわゆるゾーニング）が整えられたのです。

「都市」のあり方を考えるということは、その都市の空間的利用の仕方はもちろん、その空間を「都市」にする建築も同時に考える必要があります。都市計画法はおもに空間利用の規制に関するもので、その空間上に建てられる建築については、市街地建築物法によって詳細が規定される形をとりました。

こうした形は、現在の都市計画法と建築基準法の関係性と同じといえます。いずれにせよこの二つの法律の制定によって、いちおうの都市計画の法的制度が形づくられたことになります。

日本における「都市計画の父」と呼ばれる人物が、このころ登場します。東京府の府庁所在地である東京市の市長・後藤新平[★1]です。後藤は東京市長として、包括的な都市改造計画（東京市制要綱）を計画していきます。しかし一九二三年（大

★1　後藤新平　一八五七―一九二九

正一二年）九月一日、関東大震災が発生。南関東に甚大な被害をもたらしました。三〇万棟以上の建築物が被害を受け、そのうちの約三分の一が全潰、死者行方不明者も一〇万人を超える未曽有の大災害となりました。

後藤は震災直後に帝都復興院を設置し、自らが総裁となって、復興計画の立案に大きなリーダーシップを発揮しました。復興計画については、その規模や内容に関して反対が大きく、最終的には規模と予算額が大幅に縮小されたものの、この復興計画によって多くの橋梁、幹線道路、都市公園や、耐震防火性能を兼ね備えた学校などが実現しました。※12

●戦争の勃発、終戦、そして復興の都市計画

旧都市計画法も、その成立から時代ごとのニーズを踏まえて改正が行われていきます。関東大震災後の復興事業が落ちつくなかで、郊外にも目が向けられるようになりました。住宅開発や、遊園地開発などが行われていったのです。一九三三年（昭和八年）には、これまで大都市に限定されていた都市計画法が、全市および指定された町村にまで適用されるという法改正がなされました。

こうしたなかで、一九三七年に日中戦争が勃発します。この時期、一九三八年、市街地建築物法が改正され、建築物の容積率制の一種として「空地地区制」が新設されました。そして一九四〇年の都市計画法の改正により、都市計画の目的が次のように改められたのです。「本法ニ於テ都市計画ト称スルハ交通、

※12
この復興期に、近代日本における鉄筋コンクリート造の集合住宅の原型ともいえる「同潤会アパート」が建設された。同潤会アパートは、同潤会が建築した復興支援住宅の総称で、合計で一六のアパートがつくられた。現存はしない。元の土地に建てられた表参道ヒルズに、安藤忠雄の設計による「同潤館」がある。

衛生、保安、**防空**、経済等ニ関シ永久ニ公共ノ安寧ヲ維持シ又ハ福利ヲ増進スル為ノ重要施設ノ計画ニシテ市若ハ主務大臣ノ指定スル町村ノ区域内ニ於テ又ハ其ノ区域外ニ亙リ施行スヘキモノヲ謂フ」

つまり、航空機による攻撃に備えた防空が、都市計画の問題の一つとなったわけです。また同年から、東京のみならず六大都市（東京、大阪、名古屋、京都、横浜、神戸）の公園事業が、国庫補助対象とされました。こうした大都市における公園、緑地の整備が国をあげて進められていく背景には、リクリエーション空間の確保や公衆衛生といった理由の他に、むしろこの時期は防衛上の目的が大きく影響したことはまちがいありません。

第二次大戦後の都市計画の主眼は、壊滅的被害を受けた主要都市や地方都市の再建にありました。政府は、一九四五年（昭和二〇年）に戦災復興院を設置し、同年に「戦災復興計画基本方針」を策定します。この方針においては、肥大化する大都市への人口集中の抑制と、産業立地による地方都市や集落の活性化を図ることが目的とされました。

この基本方針の翌年、特別都市計画法が制定され、戦災によって被害を受けた市町村を対象として都市計画法上の特例が適用されることになり、復興事業が進められていくことになりました。計画では土地配分の計画的な決定、土地の指定及び専用性の高度化、公共施設の適正配置の方針が定められます。

※13（次頁）
国立公文書館ＨＰ「災害に学ぶ—明治から現代へ」を参照。

※14（次頁）
一九五六年度（昭和三一年）の経済白書の結語に登場した言葉で、日本の経済成長が戦後からの回復から、近代化を通じた経済成長期へと移行することの必要性を説いた。その後、日本は高度経済成長時代をむかえた。

大都市においては高幅員道路★1、地方においては三六メートル以上の道路が計画され、また駅前広場や緑地の整備を盛り込むという先進的な計画でした※13。その後、土地区画整理法（一九五四年）、都市公園法（一九五六年）など、都市計画に関連するさまざまな法律が制定されていきました。

●はじめて登場した「ボトムアップ（住民サイドから）」の都市計画

「もはや戦後ではない」※14というフレーズが経済白書に掲載されたのは、一九五六年（昭和三一年）のこと。戦後の復興期から高度経済成長時代へ突入した日本は、急速な経済成長をとげながら、大都市への人口集中、地域間格差の是正などの大きな問題をかかえることとなりました。

そのなかで、新都市計画法（一九六八年）の改訂や、建築基準法の改正（一九七〇年）などが行われます。しかし、そもそもこれらの法律は、全国の都市計画区域とそのなかでの建築物に関する規定を定めたものであって、地域の実態を踏まえた個別的な対応を行うことは難しかったのです。

一九八〇年（昭和五五年）、都市計画法と建築基準法が改正されます。そこに盛り込まれたのが、地域の実情に即して、街区などの特定のエリアを対象とした計画策定ができるような「地区計画制度」でした。ようやく現れたこの制度は、トップダウン方式ではなく、ボトムアップ方式による「まちづくり」を支援する制度といえるでしょう。

★1 五〇メートル以上

【参考文献】

金関恕・川西宏幸『都市と文明』朝倉書店（一九九六）
L・ベネーヴォロ（横山正訳）『近代都市計画の起源』鹿島出版会（一九七六）
L・ベネーヴォロ『図説 都市の世界史4近代』相模書房（一九八三）
角山栄・川北稔・村岡健次『生活の世界歴史〈10〉産業革命と民衆』河出書房新社（一九九二）
椿建也「大戦間期イギリスの住宅改革と公的介入政策—郊外化の進展と公営住宅の到来—」『中京大学経済学論叢』18号，二〇〇七年三月
東秀紀「イギリス近代都市計画の理念(1)—創成期：公衆衛生から田園都市まで—」『清泉女学院大学人間学部研究紀要』1，pp.29–40，二〇〇四

（次頁へ続く）

一九九二年（平成四年）、都市計画法が改正されます。ここには「市町村の都市計画に関する基本的な方針（法第18条の2）」、いわゆる「都市計画（市町村）マスタープラン」制度が盛り込まれます。市町村の都市計画にさいし、都市の将来的なビジョンを確立させ、これに基づいた整備方針を策定すること、そしてその策定においては住民の意見を反映させるために必要な措置を講ずることとされたのです。この「参加」の仕方やあり方が、本書の焦点となります。

これまでみてきたように、戦後復興から高度経済成長時代へ、そして社会が成熟化していく流れのなかで、都市計画の持つ役割は時代ごとに大きく変化してきました。

当初は、イギリスでそうであったように、都市衛生や防災といったニーズに対応するための都市計画が求められていたのですが、戦時中、戦後復興、さらには高度経済成長期を経て、都市の物理的環境の整備が落ちついていくと、都市住民の生活の質、多様な住民ニーズを満たす実践的な制度が求められるようになっていきました。こうした背景のなか、都市計画法でも住民参加が求められ、具体策が規定されるようになります。住民参加による計画原案の策定・合意形成という住民主体による「まちづくり」の動き、志向性が活発化していくわけです。

（前ページより）

岡本哲志「明治初期の銀座煉瓦街建設における江戸の都市構造の影響に関する研究」『日本建築学会計画系論文集』第579号，pp. 171–178，二〇〇四

栢木まどか・伊藤裕久「東京の近代における防火地区の変遷と震災復興期の共同建築に関する研究」『日本都市計画学会都市計画論文集』No. 43-2, pp. 11–18, 二〇〇八

石田頼房「「東京中央市区劃定之問題」について」『総合都市研究』第7号、一九七九

古厩忠夫『裏日本—近代日本を問いなおす』岩波新書（一九九七）

鶴田圭子・佐藤圭二「近代都市計画初期における一九一九年都市計画法第12条認可土地区画整理による市街地開発に関する研究—東京、大阪、名古屋、神戸の比較を通して—」『日本建築学会計画系論文集』第470号，pp. 149–159，一九九五

平竹耕三「イギリス田園都市の現代的意義—レッチワースの歴史から学ぶ—」『龍谷大学経済学論集』Vol. 44 (5), pp. 113–135, 二〇〇五

都市計画教育研究会『都市計画教科書』第三版，彰国社（二〇〇五）

１―２ まちづくりの変遷とその課題 【大槻】

●住民が地域をデザインする……まちづくりのはじまり

いまでは「MACHIZUKURI」として世界に用語が広がりつつある「まちづくり」。その源流は、一九六〇年代の住民運動にはじまります。高度成長時代をむかえ、生活が豊かになるいっぽうで、公害問題、託児所の不足など、住民に共通する問題が多く発生した時代であり、多くの地域で住民運動がはじまりました。もともとは国や市町村、企業に対する反対活動が主であった住民運動ですが、一九七〇年代に入ると、住民がみずから地域をデザインするという発想が広がりました。※1

これを受けて市町村の側も、革新自治体を中心に住民がみずからの地区の運営に関わるための制度を設計し、コミュニティ計画づくりの支援を行いました。都市社会学を中心とする専門家も、これらの「新しい」住民組織を、旧来の町内会・自治会などに代わるものとして、つまりオープンで住民が主体的に参加できる理想的な地域社会としてとらえるようになります。同時に、みずからも参加者となり、コミュニティ計画づくりを積極的に支援しました。

このような一九七〇年代のコミュニティ政策のなかで、神戸市真野地区などの先進事例が生まれます。市町村によるコミュニティ政策を土台に、住民協議会が行政と密に連携し、専門家も巻き込みながらハード（居住環境整備など）

※１
たとえば筆者が居住する高知市では、一九六七年からの革新の坂本市政のもと、一九七〇年代に各地区でコミュニティ計画策定市民会議（協議会）が設置され、積極的な行政支援のもとでハード整備も含めた居住環境整備が進められた。また市民会議（協議会）のうちの複数が、現在まで地区まちづくり主体として、他の地域内組織と連携しつつ活発に活動している。

まで踏み込んだまちづくりを行う、というものです。

しかしこのように地区全体でまちづくりに包括的に取り組むには、合意形成・計画・実施の各プロセスにおいて多くの人的資源が必要なため、一般的な地区で行うことはかなり困難でした。

●住民の共通課題の喪失と、テーマ型まちづくりの広がり

一九八〇年代に入ると、住民の属性・ライフスタイルの多様化が進みました。そのため、同じ地区の住民であれば同じ地域課題を抱えているはずだ、という「地域課題の自明性」が、まちづくりの前提条件ではなくなってきたのです。[★1]
その結果、八〇年代のまちづくりでは、地区のなかで同じような立場、職業や価値観を持ち、暮らしのなかで共通の関心を持つ人たちが集まるという、テーマや目的意識を絞った「テーマ型まちづくり」[★2]が多く見られるようになりました(たとえば陶芸家が集まる地区づくり、子育てに理想的なまちづくり、など)。さらに、コミュニティ・デザインの潮流を受けたワークショップや、コミュニティ・デザイン手法の導入もまた、テーマ型まちづくりを後押ししました。
そのいっぽう、住民の多様化にともない、地区の将来像を住民全体で決定するような包括的なまちづくりは難しくなります。バブル期には、地区の文脈を無視した再開発が多く行われるようになったのです。[※2]
バブル期以降、現代までのまちづくりの課題は、次のように整理されます。

★1 尾崎、二〇〇一(参考文献)

★2 佐藤、二〇一七(参考文献)

※2 いっぽうで八〇年代は、地区によっては地域の愛着や誇りの対象である景観を守るための「景観まちづくり」が、さかんに行われた。

加速度的に進む住民の多様化を踏まえながら、さまざまなタイプの住民が種々のテーマで行う地区内での「テーマ型まちづくり」をいかにつなぎあわせていくか。また、かつてコミュニティ計画の先進地区が行ったような、住民全体で共有できる包括的なまちづくりビジョンをしっかり創りだせるかどうか。

また、一九九五年の阪神淡路大震災発生のあと、まちづくり先進地であった先の神戸市真野地区などでは、復興プロセスが円滑に進みました。そのことが評価されるとともに、以下のような論点がはっきりしてきました。

まちづくりの価値は、アウトプットのみならず、プロセスそのものにも多く存在すること。そして多様な住民や、利害関係者のあいだでの合意形成プロセスを通じ、地域運営のノウハウを蓄積していくことこそが、地域が変化に直面したさい、しなやかに対応するための社会的資源として重要であること、などです。[★1]

しかし、一見まちづくりのさかんな地区であっても「テーマ型まちづくり」の豊富さの裏で、まちづくり団体間での連携が取れていない状況は、じつは一九八〇年代から変わっていません。さらにいうなら、そもそもまちづくりに熱心な地区であっても、それに関わる住民は少数派であり、住民の多くはまちづくり活動への参加のみならず、地域への関心じたいを持っていないことが多いのです。

今の都会の住民にとっては、地域社会は、暮らしのなかで関わる「選択対象

★1 佐藤、二〇一七(同)

の「ワン・オブ・ゼム」[★1]でしかありません。生活上で困ったことがあっても、住民がこれを共有して、地域の助けあいによって解決しようとするのではなく、家族の縁やSNSなどを通じた関心のつながりなど、個人が持っている脱空間的な「人とのつながり」を頼る、あるいは商品や各種サービスといった「市場サービス」による解決を目ざす住民が多いのです。

その反面、暮らしている地域での社会的なつながりを持たず、暮らしのなかで課題を抱えていても（たとえ地域の外部に頼る人がいなくても）、地域での支えあいによる解決を選べない住民もたくさんいます。[※3]

このような状況のなかで、本書のテーマである「場所への心理的結びつき」は、まちづくりの課題解決・あるいはまちづくりによる住民の課題解決のために、はたしてどのような役割を果たせるのでしょうか。

●「場所への心理的結びつき」でゆるやかにつながるまちづくり

わたしたちは「地域への愛が住民をつなぎ、まちを再生する」といった楽観論を示すつもりはありません。一部では、若い世代の地域回帰や、つながり回帰の動きがあることはたしかです。しかし、高度経済成長の前のような、良くも悪くも住民どうしのつながりがあった時代、住民と地域および地域社会のつながりが密であった時代に戻る可能性は、きわめて少ないといえるでしょう。また、そこまで戻る必要性もないと思います。

★1　尾崎、二〇〇一（同）

※3　たとえば大槻他（二〇一三）による愛知県長久手市住民を対象とした調査では、住民の半数近くが、高齢者の生活の質の担保や、災害時の対応に不可欠な社会的ネットワークを保持していないことが明らかとなった。

以上のような前提に立ったうえで、地域を自分たちの手で住みよい地域に変えていくためにはどうしたらいいのか……。とりあえずここで、かんたんにまとめておきましょう。

少なくとも「テーマ型まちづくり」を実践する地区の、キーパーソンの人たち同士がゆるやかな語りあいを重ねること。語りあいのテーマは、それぞれのまちづくり団体が掲げる地域の課題だけでなく、地域の魅力や地域への愛着や誇りも含まれます。そんな語りあいの場のなかで、地区が目ざすべき将来像をゆるやかに生み出していくプロセスが必要だ、ということです。このようなプロセスを通じ、キーパーソンの周りにいる住民、さらにはまちづくりに関心のない住民も含めて地区への愛着や誇り、また地区のビジョンが熟成され共有されていく、そんな地域社会が望まれるのではないかと思われます。

あわせて、強制にならない範囲で、次世代を担う子どもたちや若年層に「地区の文脈（たとえば歴史や特有の地形、伝説など）」や「地区への心理的結びつき」を認識させ、みずからのものにしてあげること、そのための機会を積極的に生み出し、まちづくりにおける次世代のキーパーソンを再生産することもまた大切になってきます。

●人口減少期のまちづくり、地域継承の核とは

地方の過疎集落や、衰退の進む地方都市の中心部においては、「場所（地区）

への心理的結びつき」の役割はもっとはっきりしています。

人口減少や高齢化によって集落が消滅する危機にある地区、存続の危機にある地方都市の商店街などにおいては、住民の地域に対する心理的結びつきを維持し、強化することは、地区を残していくための必須の前提条件であると考えられます。なぜなら、高度成長期における「集団離村」での廃村が物語るように[★1]、成立が困難となった地区は、最終的に「住民に見捨てられたときに滅びる」からです。

過疎高齢化が進むなかでは、道路や交通、医療機関へのアクセスといった暮らしの機能を残すため、過疎集落を近くの比較的大きな集落にまとめる「積極的な撤退」[★2]を提言する研究者もいます。そのさい、住民が納得して移転をするためには、次の点を忘れてはならないでしょう。元の地区の文化・歴史が育んだ、有形無形のシンボル（モノ・コト）と、住民との結びつきを（カタチの変容をともないつつも）移住先に持ちこむこと。それにより、移住後も地区に対する住民の誇りを保つ必要があるということです。つまりそういう心理的な要素をもつ条件が、「積極的な撤退」の目的であった住民の生活再生やコミュニティの継続につながる「足し算の支援」[★3]、またそのことによる「誇りの再建」[★4]につながると考えられるわけです。

さらに「積極的な撤退」論のなかには、地域全体の文化習俗を守るため、そしていつか社会状況が変わったとき、ふたたび地域の文化や習俗を復活させる

★1　鐘ヶ江他、二〇〇八（参考文献）
★2　林・齋藤、二〇一〇（参考文献）
★3　稲垣、二〇〇七（参考文献）
★4　稲垣、二〇〇七（同）

ために、独自な文化習俗をもつ集落については「種火《たねび》集落」[★1]として残すべきだ、という議論もあります。このような「種火集落」を維持・継承するためには、もちろん住民が、地域に対する愛着と誇りを獲得しつづけるプロセスもまた必要なのです。

●「風の人」「水の人」を活かすまちづくり

もうひとつ。人口減少と高齢化が進めば、集落の機能維持が難しくなります。そんな現状への緩和策として、「関係人口」をいかしたまちづくりを目ざす地区や市町村も増えています。これまでは、危機にある集落への「移住」をうながす政策がメインとされてきましたが、それだけでは限界があるはずです。その地区出身の二世、三世や、地区への訪問者などの外部者を「準住民」として「交流」「滞住」という形で巻き込もうというわけです（図1）。

ここでいう「交流」とは、地区外からの支援およびときどきの地区訪問、「滞住」とは、季節滞在や二地域への居住、週末居住など、数日から数か月単位で居住地以外に反復的に滞在する生活様式のことです。そうした形で地区に「関係人口」を増やすことで、たとえ住民票は移さなくても、人手とお金（ふるさと納税など）を確保しようという取り組みです。

そのためには、外部者に、地域への「愛」を醸成して関わり続けてもらうことが欠かせません。そうした戦略を考えるうえで、本書の掲げる「場所への心

★1　林・齋藤、二〇一〇（同）

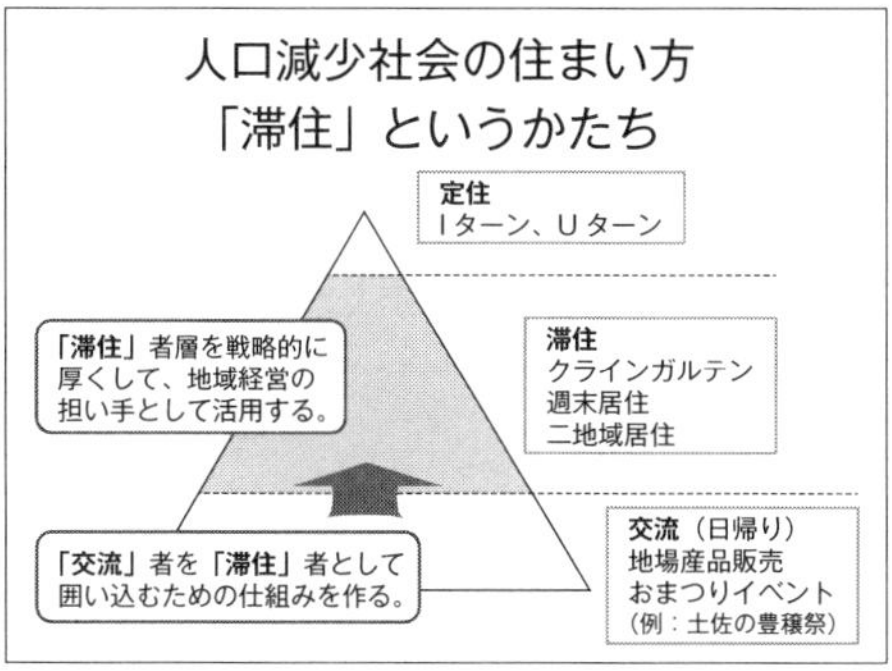

図1　人口減少期の集落維持戦略としての「滞住」モデル（大槻、二〇一四）

理的結びつき」を活かしたまちづくりの視点は、とても重要だと思います。

「風の人」「水の人」などという表現があります。外部からやってきて、新たな視点をもたらしてくれる人のことを、そう言っています。人間は誰しも、自分が当たり前と感じている環境に、新しい視点を持ちこむことは難しいものです。しかしそんな別の視点を持つ外部者との関わりは、とくに有効に働きます。

こうして、地域への「愛」をもつ多様な住民・準住民が、地区を感じ、語りあうプロセスを通じ、地区の文脈を生かしたまちづくり、地区の文脈を新たな視点から解釈しなおしたまちづくりのタネが生まれていくわけです。

これらを蓄積し整理することによって、地区はもっとも大切な地域継承のためのビジョンと、そこにコミットする住民（外部者を含む）を生みだすことができるのです。「関係人口」を活かしたこのようなまちづくりは、単なる人口減少の緩和策を超え、地区の維持・継承のための前向きな戦略になる可能性を秘めています。

また、人口減少対策として近年行なわれ、今後も行われる可能性が高い政策が、自治体の合併です。しかし、合併に住民の意識が追いつかないことから、合併自治体の住民どうしで不協和音が発生し、財政削減もおぼつかないまま、住民間の対立だけが残る事例もみられます。住民がもともとの市町村に対して愛着や誇りを持ちつつも、合併後の新住民としての新たな愛着や誇りを得るための仕組みづくりも、政策上大切になってくるのです。

●なんのための「まちづくり」か

いっぽう過疎化の進む市町村では、現在の人口や高齢化率、立地条件などからみると、どのような対策を行っても維持継承が難しい、そんな集落も存在します。では、このような地区において「場所への心理的結びつき」を活かしたまちづくりは必要ないのでしょうか？　いえ、わたしたちはむしろ、そのような地区にこそ大切なアプローチだと考えています。

長く住まい続ける方にとって、地区への愛着や誇り、肯定感を持って暮らすことは、みずからの人生（の蓄積）を肯定し、人生の質を高める大きな要素になりえます。だからこそ、消えゆく運命の集落であっても最後の一名までが自分たちの地区が隣近所や子ども・孫たち、場合によっては外の人間にとっても大切な存在であること（あったこと）を実感し、その一員であることを納得して暮らしたい。そのためのアプローチはとうぜん大切で、「場所への心理的結びつき」を利用したまちづくりが果たす役割は、小さくないと考えています。

いわゆる「地方創生」など、過疎地域のまちづくりが議論されるとき、重視されるべき利益主体は誰でしょうか。雇用や税収の面を考えれば地方自治体や市町村民ですし、国土の維持・発展を考えると、国民全体が利益者でしょう。広くは、〝さとやま・さとうみ〟などの文化的景観に埋め込まれた、生態系の構成種も利益主体といえるかもしれません。

【参考文献】

佐藤滋・饗庭伸・内田奈芳美編『まちづくり教書』鹿島出版会（二〇一七）
稲垣文彦、他『震災復興が語る農山村再生：地域づくりの本質』コモンズ（二〇一四）
大槻知史『空き家ストックと廃校施設の活用による南海地震に備えた沿岸都市部と農村の事前連携のデザイン（調査研究報告書）』一般財団法人　第一生命財団（二〇一四）
（次頁へ続く）

でも、わたしたちは、長年その地区に住み続け、今も地区に住まう方こそいちばん尊重されるべきで、彼らがみずからの暮らしぶりに無理のない範囲で地区の物語を紡いでいく、そんなプロセスこそが大切だと考えています。結果として、いわば贈りもののように、地域が維持継承される可能性が出てくるのではないでしょうか。

まちづくりは、住民が幸せな暮らしを送るための手段（の一つ）であり、目的ではない。まちづくりを議論するとき、この点を心に刻む必要があると思います。

（前頁より）
大槻知史他「ニュータウンにおける新規居住者の社会資本に関する研究－長久手市の事例から－」日本地域学会二〇一三年度学会発表（二〇一三）
林直樹・齋藤晋編『撤退の農村計画』学芸出版社（二〇一〇）
鐘ヶ江秀彦「花街・上七軒と千本釈迦堂の防災」立命館大学文化遺産防災学「ことはじめ」篇出版委員会篇『文化遺産学「ことはじめ」篇』アドスリー（二〇〇八）
大槻知史「生活構造論の拡張による「都市における住民と地域社会の関係」についての新たな分析枠組の提示：「地域互助」による生活課題解決の可能性を探る基礎として」政策科学11(1) pp.61－72（二〇〇三）
尾崎一郎「生き甲斐としてのコミュニティ」『法社会学』50号、pp.56－70（二〇〇一）
奥田道大「コミュニティ形成の論理と住民意識」磯村英一・鵜飼信成・川野重任編『都市形成の論理と住民』東京大学出版会（一九七一）
今野裕昭『インナーシティのコミュニティ形成－神戸市真野住民のまちづくり－』東信堂（二〇〇一）

第2章……まちづくりに住民が参加する理由

【城月】

前章では、都市計画の誕生から、「まちづくり」という実践的志向が形成されていく過程をまとめました。これを踏まえて、この章ではまちづくりにおける「住民参加」とは何かを考えてみたいと思います。まちづくりに欠かすことのできない住民参加の意味を、あらためてとらえなおそうということです。

2－1　まちづくりと住民参加

●欠かすことのできない住民参加の形

都市計画における住民参加は、一九六八年の都市計画法成立時に、都市計画案の性質、意思表明に関する手段が規定されました。その後、九二年の改正では、「市町村の都市計画に関する基本的な方針」の規定が盛りこまれました。いわゆる「都市マス（都市計画マスタープラン）」です。

この都市計画マスタープランは、市町村の基本構想にもとづいて、市町村が策定するものです。人口や土地利用、公共施設等の将来的な見通しとともに、都市計画のあるべき長期的ビジョンを策定し、主要な都市計画の目標を定めるプランです。

都市計画マスタープラン規定に関して、都市計画法第一八条の二第三項では、市町村が「基本方針」を定めようとするときは、あらかじめ**住民の意見を反映させるために**必要な措置（たとえば公聴会の開催等）を講じなければならないとされています。このように、都市計画分野における住民参加は、法的にはいちおう担保されていることになります。

それでは、なぜあらためて、住民参加によるまちづくりの必要性が主張されるようになってきたのでしょう。そもそも住民参加とは、具体的には何を、どんな形のものを意味するのでしょうか。

住民参加型のまちづくりは、一九七〇年代以降の反原発運動や、環境保護運動、消費者運動などの市民運動が原点です。それらは、ひとまとめでいえば「住民の政治過程への参加デモクラシー」[★1]でした。この動きはそのあと、オイルショック等による経済環境のなかで、市民運動じたいを含めて停滞することになります。

しかし一九九〇年代以降、ふたたび住民参加の意味に注目が集まりはじめました。「地域がみずから考え、行動する」という、ボトムアップ型のまちづくりの重要性が指摘されるようになっていったこと、また一九九五年一月に発生した大きな災害「阪神淡路大震災」によって、上述したような「参加デモクラシー」とは異なる文脈が生まれたこと……、つまり政治過程への住民意思の反映を主張するというよりも、みずからの地域を住民が主体となって、つくり、守っていくことの重要性が認識されるようになったからです。

★1　高乗、二〇一六（参考文献）

2−2 地方自治体における住民参加の仕組み 【城月】

●民主主義と選挙の限界が「住民参加」を生む

以上のように、住民参加という問題を議論するとき、大きく分けて二つのコンテクスト（文脈）が存在している点に注意する必要があります。

一つ目は、一九七〇年代以降の「参加デモクラシー」のように、地方自治体の政治過程への住民参加という点。そのあるべき姿に関する、制度的・規範的議論です。二つ目は、地方自治体のじっさいの政策や事業の、立案から計画、事業実施の過程における住民参加の仕方の問題です。

ここからは、おもにこの二つの視点にもとづき、住民参加についてかんたんに概観したうえで、本書の立ち位置を提示していくことにしましょう。

まず、前者について考えてみます。あらためて述べるまでもなく、日本の地方自治体は、日本国憲法第九三条において、「地方公共団体には、法律の定めるところにより、その議事機関として議会を設置する。地方公共団体の長、その議会の議員及び法律の定めるその他の吏員は、その地方公共団体の住民が、直接これを選挙する」と定められています。

要するに、みずからの地域を率いる代表たる首長（知事、市・町・村長など）を、選挙で住民が選択し、同時に、首長の権力行使を抑制する監視機関として議会議員を直接選挙で選ぶということ、つまりいわゆる二元代表制という形を取っているわけです。これによって住民は、間接的にみずからの意思を自治行政に反映させていることになります。この点は、選挙で選ばれた議員から総理大臣を選出する「議院内閣制」とは異なる部分でしょう。その意味で言えば、住民は選挙権の行使という手段を通じて、すでに住民参加によるまちづくりを行っているとも言えます。しかし、これで十分なのでしょうか？

民主主義社会のもとでの二元代表制のなかで、「みずからが実現したい地方自治」を実現しようとするばあい、その方法は大きく二つの選択肢に限られるでしょう。一つは、個人あるいは何らかの団体とまさにボトムアップ型の活動を展開するか、もう一つは、首長もしくは議員として選挙で選出され、みずからの意思を直接反映させた行政運営をしていく、という方法です。ここでは後者のケースを考えてみたいと思います。

当然ながら、選挙で選ばれる方法は、他の候補者よりも多くの得票数を獲得すること。とくに首長の選挙においては、次点には意味はありません。しかし議員ですと、議員定数内にとどまれれば、得票数に限らず「議員」としての職が与えられます。つまり、首長となることを狙う候補者は必然的に、もっとも多くの有権者の支持が得られる政策を公約として、戦うことになるわけです。どれだけ政策的な重要性が高くても、ごく一部の有権者にしか支持されない政策は、公約としてそもそも掲げられないか、あるいはその実行にさいしての優先順位が低くなることになります。

こうした原理は、議員についても当てはまります。首長に比べて定数の多い議員選挙では、より多様な公約を掲げることが可能ではありますが、当選することが前提となる以上、一定の支持の見込まれるマニフェストを打ち出すことになるわけです。

以上のような理由で、選挙で代表者を選出する民主主義のシステムでは、特定の地域の個人の問題や、全体の共通的課題にはならない問題は、政策として実現される可能性が低くなるのです。だからこそ、このシステム的な欠陥を補うものとして、住民参加による意見の反映が求められるようになったのでした。

●さまざまな参加の形と住民投票

ここで問題となるのが、「参加」という概念とその意味です。高乗の整理[★1]にもとづくと、現状の住民参加の方法は、以下の一二の方法に分類することができます。

①住民投票　②直接請求　③意見提出・聴取手続　④公聴会　⑤事前説明会　⑥審議会　⑦協議会　⑧協定　⑨各種委員の委嘱　⑩オンブズマン　⑪パブリックコメント　⑫訴訟

これらの参加方法のうち、住民参加の方法として近年用いられるようになってきているのが、①の住民投票です。

★1　高乗、二〇一六（同）

住民投票は、その地域の将来に大きな影響を及ぼしうるような問題、たとえば合併、原発の立地や、産業廃棄物の処理施設の建設など、いわゆる「ＮＩＭＢＹ」[※1]問題などで、住民の意思を確認するために利用される場合が多いものです。とくに近年では、「平成の大合併」における合併の是非に関する住民投票が各地で行われました。

しかし現在の日本国憲法は、第九五条において、一部の地方公共団体のみに適用される特別法は、住民投票において過半数の同意を得ることが必要とされる、と規定している以外、住民投票についての規定は存在しません。実態としては、地方自治体の条例にもとづいて運用されているのです。

住民投票は、住民の直接の意思表明（政治過程への直接参加）という直接民主主義的側面が強く、首長と議会という二元代表制にもとづいたガバナンスのあり方からすれば、問題も残ると考えられます。このため、住民投票の結果については法的拘束力を持たないとするのが一般的解釈であるわけです。[※2]ただし、住民投票の結果について、首長や議会は民意を重く尊重せざるを得ないという意味で、実質的に大きな意味を持っているといえます。

●住民参加は「手続き」の一種か

次に、住民投票以外で地方自治体における住民参加の方法としてもっとも定着しているのが、④公聴会、⑤事前説明会、⑥審議会、⑦協議会、⑨各種委員

※1
「Not In My Backyard」の略称で、公共の利益のためには必要であることはわかっているようなもの、たとえばゴミ処理場や火葬場、産業廃棄物処理施設などについて、自分の裏庭にはこないでほしい、そうした住民の態度を意味する用語。

※2
ただし、憲法第九五条による住民投票、市町村合併特例法、国民投票法、地方自治法による議会の解散、公務員の解職に関して行われる住民投票については、その結果は法的拘束力を持つ。

の委嘱、⑪パブリックコメント、でしょう。

なかでも④・⑤・⑪の方法は、市町村の広報誌やホームページ等を通じて、公募、案内されている場合が多く、かなり身近な参加と言えます。

これらの方法による「参加」の実態は、どのようなものなのでしょうか。一般的には、地方自治体が行う事業や政策に関して、事前に住民の意見やアイデアを募集するもの、あるいは行政が計画した事業計画案などに対して、住民の同意を求めるものなどが多いようです。これは、政策策定における超初期段階＝かなり「川上」での参加か、もしくはほとんど政策や事業計画としては煮詰まったものを住民に周知する＝「川下」段階での参加と言え、いずれのばあいもその参加の「深さ」が浅いという点で、形式的となっているケースが多いと思われます。

じっさい、著者らが二〇〇七年に調査した結果をあげてみましょう。それは、島根県全市町村を対象とした、地域ビジョンの策定プロセスにおける住民参加の実態です。[※3] それによると、多くの市町村では、住民参加じたいは行われている反面、その参加による実質的意義というより、「住民を参加させるべき」「情報提供をすることによって理解を得るため」という形式的な、そして住民が「参加」して決めたという**手続き的観点**から、住民参加をとらえていることが明らかになっています。

※3
城月雅大・大槻知史・鐘ヶ江秀彦「人口減少期の地域ビジョン策定プロセスにおけるステークホルダーの関与形態に関する研究」『立命館国際地域研究』第27号　二〇〇八年三月

他方で、⑥審議会、⑦協議会、⑨各種委員の委嘱の方法は、従来からとられてきた住民参加の一般的方法です。⑥については、審議会の委員として住民が参加するもの。しかし、審議課題に対する一定の知見や経験を有する人物、あるいは地域の有力者が委員に委嘱されることが多いという点で、住民参加の持つ本来的な意義、つまり二元代表制にもとづく地方自治制度の補完という点では課題が残ると言えるでしょう。

このように住民参加のさまざまな方法があるなかで、多様なステークホルダー（利害関係者）をより多く取りこみながら、多様なニーズを政策議論へ反映させるためには、どのような仕組みや方法が必要となるのか。このテーマは本章の本筋からやや外れてしまうため、次にじっさいの事業やまちづくりにおける「実践的な住民参加」の問題について議論を進めていきたいと思います。

【城月】

2-3 住民の自発的意思にもとづくまちづくり

●住民は多様であるという前提に立つこと

住民「参加」というばあい、「住民の何らかのまちづくり実践」として理解される場合がほとんどです。しかしそのまえに「住民は多様である」という前提に立つことがまず重要です。また住民参加は、かならずしも行動として現れるものではないという認識も必要です。前述のように関心はあるが時間や仕事、体調の都合でできない、あるいは育児のために心では応援しているけれども参加できないなど、そのような住民はたくさん存在するからです。

これらをすべて「まちづくり」という公益的価値観を含んだ（ようにみえる）言葉によって考え、そして住民はすべて参加すべきと考えることは誤りです。もともとはある活動については無関心だった、しかし現在は心では応援している、あるいは少なくとも反対はしない……、そういう心理的態度も「住民参加」の概念に含めて考える姿勢がきわめて重要なのです。

以上述べたことを前提として、まずは「住民の自発的意思」にもとづく住民参加型まちづくりについて整理していきます。

●「ふるさと創生」と持続可能性

一九七〇年代ごろの住民参加が、環境問題や基地問題などに対する住民の反発の声を伝え、政策の転換を求める「参加デモクラシー」的性格を帯びていたことは、先に述べたとおりです。しかし八〇年代後半から九〇年代にはいると、参加デモクラシーとは異なる文脈で、住民参加型まちづくりの必要性が指摘され実践されていくことになります。

この時代「地方創生」の原型ともいえる「ふるさと創生事業」が、当時の竹下登内閣[★1]のもとで進められました。その取り組みの一つとしてもっとも有名なのが、いわゆる「ふるさと創生一億円事業」です。

★1　一九八七―一九八九年

それまで市町村のまちづくりはトップダウン型で、実質的に補助金、機関委任事務制度[※4]や通達行政[※5]によって、国の意向をもとに行われていました。そのため、市町村の実情やニーズに沿ったまちづくりが行われにくかった、また地方自治体じたいが硬直化し、創意工夫のあるまちづくりが行われなかった、などの問題が生じがちでした。

こうした反省点をもとに、ふるさと創生一億円事業は、「地域がみずから考えみずから行う」ことを地方自治体に求め、交付金の広範な利用を認めたのでした。事業の成否はともかく、国ではなく地域が主体となってまちづくりを行っていくことの重要性を喚起したという点においては、一定の評価が与えられるべきでしょう。

いずれにせよ、この事業では、地域のイメージを確立するための事業などがおもに推進されました。たとえば「花街道整備」「食のまちづくり」などが行われ、多くの住民が参加し運営されたのです。しかしやがて、これらの取り組みの多くが、財源の枯渇と時間の経過のなかで頓挫してしまいます。この事実は、住民参加のまちづくりにおいては持続可能性に関する問題が大きいということを、あらためて示唆しているといえます。

●リスク・コミュニケーションという考え方

一九九五年は、住民参加型のまちづくりの、一つの大きな転換点となりまし

※4
法律または法令によって、本来国が行う事務について、都道府県知事、市町村長などの地方公共団体に委任する制度のこと。たとえば、旅券（パスポート）の発給、戸籍などの事務など本来は、国が行うべきである事務について長く委任されてきた。しかし、この場合、国が上級官庁、都道府県や市町村が下級官庁という関係性になり、また、じっさいに国が地方公共団体に対して指揮監督権等を持つことから、地方自治の観点から問題がある。この機関委任事務制度については、一九九九年の地方分権一括法によって廃止された。

※5
通達とは、本来的には役所内の内部文書である。事務執行にさいして内部、あるいは、関係機関に法令解釈上の技術的知見、あるいは、事務取り扱い上の基準等を示すものとして発出される。文書の位置づけはあくまで内部文書であるが、実質的に、上級官庁から発出された通達が、上意下達的に、下部組織や職員に対して強い拘束力を持つ傾向にある。法律ではない文書、しかも、行政府が事実上立法機能を果たすことは、議会政治の原則上も問題を抱える。

た。一九九五年一月、近畿圏の広範な地域でマグニチュード七・三の大規模地震が発生し、死者六四三五名、行方不明者二名、負傷者四万三七九二名を出す未曽有の大災害となりました。

この甚大な被害をもたらした「阪神淡路大震災」で、助かった人々の多くが、自らの力か家族、そして隣人の助けによって救助されていたことが判明し、「自助と共助」の重要性がつよく認識されるようになったのです。こうした現実をきっかけに、住民が主体となった防犯・防災のまちづくりが全国的に展開されるようになりました。

たとえば地域内で防犯上、防災上の課題を見つけてマップに書きだし共有する「まちあるき」。あるいは、類似したケースで地域の資源を発掘し、地域資源マップを作成する取り組みなど、さまざまなワークショップ形式の、住民参加型のまちづくりが行われるようになったのです。

このなかで、住民参加による防犯・防災まちづくりにおいては、行政・学術的領域で、「リスク・コミュニケーション」という概念が注目されていきます。リスク・コミュニケーションとは、個人や組織、行政などのあいだで、リスクに関する情報を双方向的にやり取りし共有することを意味します（ランドグレンとマクマキン[★1]という研究者によると、このリスク・コミュニケーションは三つに類型化できるようです）。

住民参加による防犯・防災のまちづくりは、コミュニケーションの一つの形

★1 Lundgren & McMakin 1994

と理解できます。地域のリスクをさまざまな当事者間で共有することで、緊急時の対策に関する計画の決定、ならびに合意の形成を目ざそうとするのです。たとえば防犯・防災のための「まちあるき」などは、ふだんから地域住民が地域内の脆弱性を共有しあい、いざというときに備え、また共助をうながすための取り組みです。

●防災組織の意識の低下が問題

こうしたリスクの共有による住民の危機意識の向上は、短期的には住民の自主的行動をうながす傾向にあります。じっさい、内閣府のデータ[※6]によると、阪神淡路大震災が発生した一九九五年の翌年以降、全国の自主防災組織の組織数は五〇パーセントに満たなかったのに対して、二〇一五年の時点では、組織率は八〇パーセントを超えるまでにいたっています。

しかしここでも、「組織率」は組織の「活動率」ではないこと、活発な活動をただちには意味しないことに、あらためて注意をはらう必要があります。

広島県が二〇一五年(ちなみにこの前年の八月には豪雨による死者七四名を出した「広島土砂災害」が発生している)に、県内三二〇二の自主防災組織に対して調査を行った結果[※7]では、前年度に活動がなかったと回答した団体が二六・九パーセント、参加者が減少した団体が一七・三パーセントにのぼっています。

こうした実態は、人口減少や地域の特性をあわせて考える必要があり、単純

※6
内閣府HP「平成二九年度版防災白書」附属資料48「自主防災組織の推移」(http://www.bousai.go.jp/kaigirep/hakusho/h29/honbun/3b_6s_48_00.html)

※7
広島県「広島県自主防災組織実態調査報告書」(二〇一五)

に住民の防災意識の低下と断定はできません。それでも「今後、活発な活動を進めていくにあたって何が必要であると思われますか」という設問に対し、五六パーセントの回答者が「講演会や研修会による防災意識の高揚」と回答していることから、「意識」の低下の問題が認識されていることも推測できます。

●持続可能性こそが大きなテーマ

このようにリスクの共有による危機意識の向上とその共有は、短期的には住民主体の自主的取り組みをうながす可能性があるものの、意識を共有しつづけることによって「リスク慣れ」を引き起こす可能性をもはらんでいることになります。またこれは防犯・防災まちづくりだけでなく、「地域資源発掘型」のまちづくり活動にもいえることではありますが、取り組みの成果が見えにくいことが、活動の持続可能性を低める要因にもなりうるのです。

防犯・防災では、日ごろの住民の活動は、とにかく犯罪や災害がないことを目的としたものです。その活動の最大の成果は「何も起こらないこと」にあるわけです。何も起こらなければ、とうぜん活動の成果は当事者たちにわかりにくくなります。こうした要因が活動疲れへとつながっていき、持続可能なまちづくりが実現しない要因となってしまうのです。

それでは、持続可能な住民主体のまちづくりは、どのように実現していくことができるのでしょうか。これもまた、本書の大きなテーマです。

【参考文献】
高乗智之「現行法における住民参加制度に関する一考察」『高岡法学』第34号、二〇一六年
坂田期雄「機関委任事務をめぐる論点—裁判抜き代執行—自治体現場からの検証と評価—」『東洋法学』32（2）、pp.17−36、一九八九
Lundgren & McMakin, Risk Communication: A Handbook for Communicating Environmental, Safety, and Health Risks, Wiley-IEEE Press 1994.

第3章……都市計画とまちづくりに欠けていた視点

【城月】

本章では、住民参加型のまちづくりの実践と、それにまつわる都市計画・まちづくりなどの、学術領域における課題について考察してみます。

3－1 住民参加の動機とは何か

●まちづくり行動をうながすものとは

住民が自発的に、何らかのまちづくり活動に参加するいくつかのケースを考えてみましょう。すでに述べたように、たとえば地域リスクの軽減を動機づけとした「リスク・ミティゲーション（軽減）」があげられます。あるいは、個人や団体などの形で行われるターゲットをしぼった活動などです。

こうしたまちづくりでは、当然ながら多様な住民やステークホルダー（利害関係者）が参加します。参加する人々の動機も、持っている経験やスキルも、大きく異なるわけです。さまざまな個人や団体がまちづくりの分野である建築や計画、デザインといった複雑な問題にどのように参加すべきか、そしてできるのかについては、世界中でいろいろな手法が開発されてきました。※1

なかでも、いかに多様なステークホルダー間の利害を調整できるのか、つまり「合意形成」という問題は、実務的にも理論的にもつねに中心的な課題の一

※1
これについては、Nick Wates による『THE COMMUNITY PLANNING HANDBOOK — How people can shape their cities, towns & villages in any part of the world』が詳しい。

つでした。そのため「合意形成」は、都市計画、社会心理学などの領域で多くの研究が行われ、それが実践の場にフィードバックされてきたのです。

しかしじつは、そこでとても肝心なことが見過ごされてきたのではないかと思います。それは、何が住民の自発的なまちづくり行動をうながすのか？という問題です。従来の都市計画や社会心理学などの学術領域では、住民が「参加している（あるいは参加する）という前提」で、いかに彼らの意見を集約したり、合意形成したりできるのかという次元に注目が集まっていました。まず、ここに大きな視点の欠落があると筆者たちは考えています。

●人間の「孤人化」のなかでのまちづくり

全国的なデータは見当たりませんが、都市化と地方の過疎・高齢化、核家族化が進展しつづけるなか、ますます人間は「孤人」化してきているのではないか。現在、どれだけの人々が、マンションの隣人、隣家の住民と、つながりを持てているでしょう。そしてどれだけの人々が、町内会や自治会などの活動に参加しているだろうか。

筆者らが、二〇一二年に愛知県長久手市[※2]の新興住宅地を対象として行った「人的ネットワークの形成状況に関する調査結果」では、約半数近くの住民が、ともに助けあえるようなつながりを持てていない状況であることがわかっています。こうした住民どうしの希薄な関係のなかで、住民主体によるまちづくりは、

※2
「小牧・長久手の戦い」で知られ、二〇〇五年には「愛・地球博（愛知万博）」が開催された場所としても有名。二〇一二年に市制に移行。二〇一八年現在、住民の平均年齢が約三七歳と、日本一若いまちとしても注目されている。

もはやこれまでどおりの前提に立って議論すべきではないことは明白だと思われます。

それでは、いったい何が住民の自発的なまちづくり行動をもたらすのか。さまざまな動機が考えられますが、なかでも「自分たちの住んでいるまちが、みずからにとって大切である」という想いこそ、大きな一要因ではないかと思います。大切なまちだから、自らまちのために行動する……このあまりに単純な視点が、行政においても学術領域においても見過ごされてきたのではないか。

もっと踏み込んでいえば、その想いが大切なのは当然でも、そうした個人の主観的・心理的問題は、政策的にも学問的にも扱いきれるものではない、そんなあきらめのようなものがあるのかもしれません。それだからこそ、何か解決の糸口になるものはないのか、これが著者たちの共通した問題意識です。

【城月】

3-2 まちづくり心理学の学術的源泉

●「場所」との心理的つながりを考える学問

日本における都市計画を代表する学術団体「日本都市計画学会」が発行する論文集では、「愛着」をテーマにした論文はわずかに三本、「帰属意識」の場合は一本のみ、という状態です。[★1] 少なくとも都市計画の分野において、住民とま

★1　二〇一七年一二月時点

ちとの心理的結びつきが主要なテーマとして扱われていないと思われます。

しかしこのデータを見て、学問的に人間と空間に関する議論がなされてこなかったと考えるのもまた誤りです。むしろ都市計画以外の領域においては、豊富な学術的知見が蓄積されていたのです。

古くはアリストテレスが『自然学』で「場所」について論じたように、さまざまな目的、さまざまな視点から、空間や場所について論じられてきました。ここでそのすべてを紹介するのは、紙幅の制約、そして何より著者たちの力量を超える課題であり、不可能だと考えています。以下では「まちづくり心理学」の視点に立ち、その視点に近い研究領域についてかんたんにお話しし、また本来の心理学そのものが持ちうる「まちづくり」への関わり方、ヒントについても概括しておくことにしましょう。

●人文地理学と「場所」の考え方

人文地理学は、地理学の一つの分野です。地理学は、大きく二つに分けられます。人間の生活基盤としての地形や気候などの自然現象を扱う「自然地理学(physical geography)」と、風土や文化、交通などの、人間活動としての空間(場所)を扱う「人文地理学(human geography)」です。

そのうち、後者の人文地理学において、空間、場所に関する議論の蓄積が多くなっています。人文地理学のなかでもとくに「場所」に関する議論について深い洞察を行ったのが、中国生まれのアメリカ人地理学者イーフー・トゥアンで[★1]した。トゥアンは、場所を含めた物理的環境との情緒的つながりを意味するものとして、「トポフィリア」[★2]という概念を用いました。トポフィリアは、フランスの哲学者バシュラール[★3]が著書『空間の詩学』において用いた「トポフィリ」[★4]という語を英語化したものです。もともとバシュラールは「場所への愛」を表す概念として、これを使っていました。

トゥアンはこの概念を、より広範な意味を含むものとして用いました。トゥアンのトポフィリアは、「人間の環境に対する情緒的つながり」の深さを再確認させる契機として、地理学のあり方のみならず、建築学や心理学など、幅広い学問分野に大きな影響を与えました。

さらにここでもう一人、場所論に関連した人物をあげておきます。「はじめに」でもかんたんにとりあげた、カナダの地理学者エドワード・レルフ[★5]です。レルフは、主著『場所の現象学』[★6]で、現代の都市社会が「没場所性」[★7]に侵されていることを示しました。「どの場所も外見ばかりか雰囲気まで同じようになってしまい、場所のアイデンティティが、どれも同じようなあたりさわりのない経験しか与えなくなってしまうほどまでに弱められてしまう」状態であることを指摘したのです。そしてこれは、まちの個性の破壊と、均質化されたまちの景観の形成によって引き起こされるものだとしました。

レルフの指摘はトゥアンの考察よりも、現代における人間と都市社会の抱え

★1 Yi-Fu Tuan 1930–
★2 topophilia
★3 Gaston Bachelard 1884–1962
★4 topophili
★5 Edward Relph 1944–
★6 Place and Placelessness
★7 placelessness

る課題を、よりクリアに見つめたものと言えるかもしれません。けっきょくこれら人文地理学における場所をめぐる議論の発展は、ありのままの姿で場所をとらえようとする「現象学的な場所の理解」を進めることになりました。ただ残念ながら、こうした議論が都市計画やまちづくりのような実践的な分野に応用されるには、まだしばらく時間がかかるだろうというのが現状です。

●環境心理学の誕生と応用

人間と場所とのつながりについて豊富な学問的蓄積を持っている学問。それが心理学の一つの領域として誕生した「環境心理学（Environmental Psychology）」です。「はじめに」でもふれたように、環境心理学という学問分野が成立する過程では、建築環境と人間との関係性に関心が置かれていました。こうした経緯から、一九五〇年代には「建築心理学（Architectural Psychology）」という名称が用いられていた時期もあります。しかし一九六〇年代に入ると、都市化の進展や自然破壊、公害などといった環境問題が顕在化してくるようになります。その結果、しだいに人間と環境との関係性に関心がそそがれるようになり、人間と環境の「トランザクション」[★1]、つまり「人間が環境に」そして「環境が人間に」相互に影響を与えあう「相互浸透」を研究する領域として、「環境心理学」という名称が用いられるようになったのです。

この環境心理学という領域の確立に多大な貢献をしたのが、W・イッテルソ

★1 transaction

ン[★1]とH・プロシャンスキー[★2]です。当時、ニューヨーク市立大学に所属していた二人は、アメリカ国立精神衛生研究所から資金援助を受けて、精神病院の空間的・建築的な環境が患者の行動に与える影響を研究しました。そして「精神科施設のデザインと機能に影響を与える」要素[★3]というタイトルで、研究成果を発表。さらにその延長線上でイッテルソンは、一九六四年にはじめて「環境心理学」という名称を病院計画に関するアメリカ病院協会の会議で用いました。

　こんな経緯で登場した環境心理学では、さまざまな人間と環境に関するテーマが扱われることになります。そのなかで近年「場所への愛着」[★4]の研究が、一つのテーマ領域として確立してきています。このテーマは本書の著者・園田が指摘しているように、[※3]基本的には「アメリカ社会における人口の流動性の高さ」という社会的背景をベースにしたもので、おもに個人と住区（住んでいるエリア）との関係性という視点で議論が進められてきました。詳細は、のちほど説明します。

　環境心理学者のM・レウィッカ[★5]の指摘にもみられますが、このテーマは一九九〇年代から、環境心理学をはじめとする関連領域で急激に扱われるようになり、現在では重要な研究領域となっています。

　しかし、これらの領域における多くの関心は、いまだに「人と場所との関係性の理解」、あるいは「その心理的結びつきを構成する要素の特定」、そして「その評価方法」が主要なテーマとなっているというのが実情です。つまり、そう

★1　William Ittelson 1920–2017

★2　Harold Proshansky 1920–1990

★3　Some Factors Influencing the Design and Function of Psychiatric Facilities (Ittelson, 1960)

★4　「場所愛着」とも表記。Place attachment

※3　園田美保「住区への愛着に関する文献研究」『九州大学心理学研究』（前出）

★5　Maria Lewicka（参考文献）

した心理をどのように育むのか、また、それをいかに社会的課題の解決に結びつけていくかについては、活発な議論が行われていないと思われます。

こうした議論がもたらす貢献は、都市計画やまちづくりの領域においてたいへん大きいはずですが、残念ながら実態としては、これらの領域で環境心理学などの知見が利用されることはきわめて少ないようです。

【園田】

3-3 心理学からみた課題の諸相

●心理学は必要とされてきたのか

では、都市計画やまちづくりに、「心理学」そのものは必要とされてきたのでしょうか。もしくは、応用されてきたでしょうか。

ここでまず、いくつか関連のありそうな前提についてふれておきます。

「まちへの帰属意識」や「コミュニティ意識」という心理面については、ある程度は「社会心理学」の領域で研究や理解が進んでいます。たとえば、環境に配慮した行動をどのように起こさせるかといった実践的研究は、わりあい重ねられてきています。しかしそれも、まずは人間側の心理と行動、つまり個人や集団における原理原則の解明が目的となることが多く、「まち」側にフォーカスを当てて応用されている研究実例は、まだまだ少ないといえます。

いっぽう、行政が立てるまちづくりの目標や方針に「愛着のもてるまちづく

【参考文献】

Nick Wates, THE COMMUNITY PLANNING HANDBOOK — How people can shape their cities, towns & villages in any part of the world, Routledge, 2000

Yi-Fu Tuan, Space and Place-The Perspective of Experience, University of Minnesota Press, 2007

イーフー・トゥアン(一九九二)『トポフィリア―人間と環境―』せりか書房

ガストン・バシュラール『空間の詩学』ちくま学芸文庫(二〇〇二)

エドワード・レルフ『場所の現象学―没場所性を越えて―』ちくま学芸文庫(一九九九)

William H Ittelson, Some factors influencing the design and function of psychiatric facilities: A progress report, December 1, 1958 – November 1, 1960, Brooklyn College

ロバート・ギフォード(2005, 2007)『環境心理学 上下 原理と実践』北大路書房

南博文 編著『環境心理学の新しいかたち』誠信書房(二〇〇六)

Maria Lewicka, Place attachment: How far have we come in the last 40 years?, *Journal of Environmental Psychology* 31, 207–230 (2011)

り」と掲げられることがあります。日本では、市町村合併が急速に進んだとき、よくこのスローガンがみられました。

そこで実践されていたのは、①花壇を作るなどの環境変化、②歴史や文化に関する知識伝達、③特産物や祭りなどの特徴の顕現化、④イベントや交流会などの人的ネットワークの強化、などのパターンでした。[※1] ただしこれらは、理論的にまちへの愛着に直接関係するのか関連しないのか、ということを確認して実施していたわけではなく、行政もしくは住民側のアイデアとして実践されてきたものでした。

ここでは、「場所」をつくるという意味での「まちづくり」の視点が軽んじられてきたように思われます。このあとの第4章では、この「場所」とは何かというテーマで、あらためて「空間」と「場所」との違いを述べていきます。

●誰のため、何のためを問いつづけること

そのまえに、ここで指摘しておきたいことがあります。

まず、都市やまちなどには、物理的な環境のみではなく、社会・文化的な環境があるということ。また、都市やまちなどは、個々人の内面的世界とのつながりを持った心理的な環境でもあること。この二つです。

しかしながら、じっさいに都市計画やまちづくりを遂行するとき、個々人のもつ意識や認知、感情という心理、ひいてはコミュニティのメンバーが共通で

※1
呉・園田「場所への愛着と原風景」南博之編著『環境心理学の新しいかたち』誠信書房(二〇〇六)

もつイメージや、コミュニティの存在という現象そのものまでもが、ややもすれば軽んじられることが多いのです。

なぜかといえば、都市計画・まちづくりにおいて、一人一人の意見、すべての人の意見や意思や感情を反映できるわけがないという、そんな共通了解のせいなのかもしれません。または都市計画・まちづくりにかかる予算配分の原則から、個々人の主観的世界を想定することに、不公平感が生じる可能性があるという理由かもしれません。これらはたしかに、まちづくりで心理学がないがしろにされてきた一つの原因と考えられます。

しかし、だからといって、人間の内的な世界を考慮しないような都市計画やまちづくりが、人々の生活や人生の質を高めるのでしょうか。さらに、そもそも誰のための・何のためのまちづくりなのかという点について、つねに問いつづけることの重要さはどなたにも自明のことだと思われます。

もちろん、建物や道路や公園という物理的環境をつくることは、住民や利用者の内的な世界、および生活・人生の質を豊かにするばあいもたくさんあるはずです。しかしそれも、あくまで道具的な手段であるということを忘れてはなりません。物理的な環境の本来の目的は、人間を含む生態系の生活や文化を支え、持続させ、発展させることであることを、ここで今いちど考えなおしてみたいのです。

そうしたとき、都市計画やまちづくりに期待されているものは、モノづくりや制度設計・改善そのものだけはありません。最終目標という意味では、人間の心理的側面である「幸福感」こそが到達点なのではないでしょうか。

●幸福だと感じられるまちをつくる

幸福感について、ここで二つの英語 Happiness（ハピネス）と Well-being（ウェル・ビーイング）という言葉を取りあげます。※2

ハピネスは、喜びなどの「快」を得つつ、苦痛を回避した状態で、これは快楽主義的な見地に立っています。作られた花壇を見て「きれい」と思うことや、イベントやお祭りに単発的に参加して得られる「楽しい」という感情は、このハピネスにあたるでしょう。

ウェル・ビーイングは、幸福、健康、福祉などの訳語があてられることもあります。生きる意味を充足し、自己実現に焦点を当て、人々が十全に機能している状態をさしていて、こちらは幸福論的見地に立っています。リフ★1は psychological well-being と記しており、西田★2は「心理的 well-being」と記しています。※3

なお、心理的なウェル・ビーイングの尺度には、つぎの六つの次元があると考えられています。

①環境制御力　②自己受容　③自律性　④人格的成長　⑤人生における目的
⑥積極的な他者関係

こうしてみると、とくに①環境制御力、③自律性、⑥積極的な他者関係は、

※2
Ryff, C. D. (1989). Happiness is everything, or is it? Explorations on the meaning of psychological well-being. Journal of Personality and Social Psychology, 57 (6), 1069–1081.

★1　Ryff, C.D.（右注参照）

★2　二〇〇〇（左注参照）

※3
日本語での質問項目において信頼性・妥当性を検証した西田（二〇〇〇）「成人女性の多様なライフスタイルと心理的 well-being に関する研究」教育心理学研究 48（4）

住民がまちづくりを行うこととつよい関係があるのではないでしょうか。

それは、①自分たちのまちである環境を自分たちで作っていくこと、③みずからの意思で進んで考え、決定し、行動すること、⑥地域のなかで人的ネットワークを作り、良好に保つことなどです。さらにこれらは、往々にして、②自己受容（自分を認め、受け入れる）にもつながることでしょう。

こうした六つの心理的な働きが十全に機能し、感じられるとき、人がウェル・ビーイングの幸福感を感じるとするならば、都市計画やまちづくりもまた、そのような視点を、目標やプロセスに取り込む必要があるのではないでしょうか。その心理学を役立てるとすれば、こうした点との結びつけも必要だと考えられます。


都市やまちに住まう、あるいは体験することで、幸福感が感じられることが、本来のまちづくりであると考えたいのです。しかし、具体的な計画・実行段階に入ったとき、それがなおざりにされてきた場合も多いはずです。問題を解決するまちづくりもあるでしょうし、より良いまちにするという方向もあるでしょう。この「良さ」をどこに求めるか。そのヒントが、「幸福感」にあるのではないかと思います。

これまでのまちづくりには欠けてきた視点がある……まずはそんな共通認識を持つことをスタートにしてみましょう。

第4章……「人」と「場所」の心理学

4－1「場所への愛着」　【園田】

●「空間」は物理的で、「場所」は心理的側面を含んでいる

この章では「環境」「空間」「場所」「場所への愛着」「原風景」など、まちづくりの根幹をなすと思われる項目について、おもに心理面から考えてみたいと思います。まずは「環境」というコトバです。

辞書などで「環境」を調べてみると、定義のあとの説明文には、「自然的環境と社会的環境とがある」[※1]や、「自然環境の他に、社会的、文化的な環境もある」[※2]という記述、そしてそこには「自然（的）環境」「社会（文化）的環境」という言葉がよく含まれています。

そして、前章で少しふれた「環境心理学」について、この学問はいくつかのテキストで次のように定義されています。

「人間と人間自身が作り出した物理的環境、人間をとりまく諸環境の関係を総合的、学際的に調査・研究する学問」[※3]とか、「人間の心理的な面と物理的な環境との間の相互関係の性質をはっきりさせ、体系をつけようという努力」[※4]。

いずれにも「物理的環境」という言葉がよく出てくることに気づきます。要するに、物理的環境と社会的環境、心理と行動、これらの関連を探るのが環境

※1
『広辞苑　第七版』岩波書店（二〇一七年一月）

※2
『新辞林』三省堂（一九九九）

※3
正田亘『環境心理入門』学文社
一九八四

※4
Ittelson et al. (1969)『An introduction to environmental psychology』（翻訳『環境心理の基礎』W・H・イッテルソン（著）、望月衛　一九七七）

心理学なのだ、と考えるわけです。※5

もう一つ、こんどは「場所」というコトバです。心理学者の羽生★1は「空間」を物理的な環境と考え、「場所」を「人の経験に関係した、意味付けをされた環境を意味されることが多い」と記しています。ここに前述の物理的環境、社会的環境という言い方をあてはめてみると、すなわち「場所」とは「心理的環境」といえるわけです。

「まちづくり心理学」。この本のタイトルに含まれる「まち」とは何か。

それはまず物理的な環境であり、社会的な環境であり、さらにそうした環境が人間の心理・行動とたえず相互交流※6を行っている場である、ということだと思います。この大前提を忘れないで、議論を進めていきましょう。

●場所への愛着という感情的な結びつき

まず心理的な結びつきの対象としての「場所」、つまり心理的な環境としての場所に話をしぼっていきます。

第3章で出てきた「場所への愛着★2」という概念。文字どおりの意味ですが、多くの研究者が「場所への愛着」の定義として、「個人と場所との間の感情的な結びつき★3」をあげます。

その感情的な結びつきじたいは、肯定的なものです。人は、場所への愛着感

※5 羽生和紀『環境心理学―人間と環境の調和のために』サイエンス社二〇〇八には、さまざまな環境心理学の定義が紹介されています。

★1 二〇〇八（右注）

※6 相互交流（transaction）について、詳しくは南博之編著『環境心理学の新しいかたち』第1章「環境との深いトランザクションの学へ―環境を系に含めることによって心理学はどう変わるか?」などを参照。

★2 place attachment

★3 emotional bonding of people to places（Altman & Low, 1992）園田（二〇〇二）

情を体験することで、心地よさや安心感を感じるのです。逆に、対象である場所との関係が不適切なものとなると、苦痛の感覚を味わうわけです。筆者たちは、この「場所への愛着」というコトバを、基本的なまちづくりのためのキーワードの一つと考えています。※7

「場所への愛着」研究の大きなきっかけとなったのは、フライド★1の「ホームを失った悲しみ－移住の心理学的な損失」★2という論文でした。これは北米ボストンのウエスト・エンド地区における、強制移住させられた居住者の「悲哀反応」に注目したもので、重要な他者を喪失したときの悲哀の反応と同じような現象がみられたことがまとめられています。

ここにある強制移住や、災害・戦争による場所の喪失とは、場所との関係が物理的に、自分の意思と関係なしに絶たれたケースです。このように、土地を喪失したり、コミュニティが崩壊することによって、むしろ場所への愛着が育まれるというプロセスも、数あるプロセスの一つです。

●場所への愛着のタイプと尺度

セタ・ロウ★3によれば、場所への愛着には、個々人と特定の場所との関係に応じて、特有の六つのタイプがあると分類されました。

①世代性（genealogy）タイプ（家系など、歴史を通してつながりがあり、生きることと深く関連する場所への愛着をもつ）

※7 『Place attachment』（Altman & Low, 1992）は、この領域の研究をまとめた本として長らく唯一のものであった。二〇一四年、約二〇年ぶりに『Place Attachment – advances in theory, methods and application』（Lynne C. Manzo & Patrick Devine-Wright）が刊行され、二〇年間における理論、方法論、応用に関する発展について、複数の著者により一五章にわたって記されている。

★1 Fried 1963

★2 Grieving for a lost home: Psychological costs of relocation

★3 Setha Low 1992

②土地喪失・コミュニティ崩壊（loss or destruction）タイプ（喪失や再開発をとおして、場所への愛着が再生産される）
③経済性（economics）タイプ（経済的に場所とつながり、経済的に生きのこる手段としての、場所への愛着をもつ）
④宇宙観（cosmology）タイプ（宗教などと結びつき、その場所が信仰のプロセスとなる）
⑤宗教と長期的な儀式（pilgrimage）タイプ（宗教と、儀式や行事の両方を通じて、信仰上重要な場所となる）
⑥語り（narrative）タイプ（話す行為や名づけをとおして、言語的な行為で場所と結びつく）[※8]

対象である場所が、まちという単位であるばあい、「愛着度」は、たとえば次のような尺度（質問項目）で測定されます。[★1]

「そのまちに愛着がある」
「故郷の感覚がある」
「自分をまちの人間だと思う」
「まちで気楽にくつろいでいる」
「まちが自分自身の一部のようだ」
「他の地域よりも大事」

※8
Setha M. Low, 1992, Symbolic Ties That Bind: Place Attachment in the Plaza, "Place Attachment" pp165–185

★1　園田、二〇〇四

「利用することで楽しくなる」

これらの尺度で測定したところ、「そのまちに愛着がある」と「まちが自分自身の一部のよう」の得点が高いほど、そのまちへの愛着度も高くなるという結果が見られました。★1

また、地域への愛着を決定づける要因としては、その個人の属性（年齢・性別、経済力・性格・好みなど）、地域の物理的な特性、地域の空間スケール（範囲の広さ）、そして、地域と個々人との関係性などがあげられており、それらはさまざまな研究で関連性がみられています。

さらに地域への愛着の程度は、人々の環境態度や環境活動、喪失時の悲哀反応などに影響をおよぼすという研究結果がみられます。この環境態度という言葉は大事な概念ですが、「行動に移す前の心理的準備状態」のことを表します。かんたんにいえば、地域への愛着がある人ほど環境に関心があり、たとえば、開発計画などに対する賛成／反対の意見や感情を持つといったことです。

まちづくりにおいては、こうした人々の環境態度（無関心でないこと）や、環境活動（環境への配慮行動やコミュニティ活動への参加など）そのものが、いわゆる「住民参加のまちづくり」の核となると考えられます。そのとき、場所への愛着という概念は、ひじょうに重要なものとして浮かびあがってくるはずです。

つまり、とりあえずの結論として、まちづくりという総合的なプロセスの基

★1　園田、二〇〇四

盤として第一にあるべきなのは、これまで繰り返し述べてきた「場所への愛着である」ということができるでしょう。言いかえれば、そのまちへの愛着という心理こそが、まちづくりの根本的な出発点になるのだと考えられます。

もちろん、誰にも、いつでもどこにでも適応可能な、愛着を高める方法があるわけではありません。しかし、**まちの特性や傾向**（上記の愛着に関連する要因）**に応じた、より効果的なアプローチは、そのまち特有の戦略として考えられる**はずです。

4-2「原風景」が与えてくれる安らぎ　【呉】

●東洋の風土に根ざす「原風景」

「場所への愛着」という言葉が欧米の学問的な文脈で使われはじめたとするならば、「原風景」という言葉は、日本や韓国など東洋の文脈で用いられたといえるでしょう。これもまた、まちづくりの根幹を支える概念だと思います。

原風景という用語は、心理学、人類学、地理学、建築学、造園学などで使われていますが、英訳をするときにも、専門分野や強調する内容によって、original-scape, primary landscape, psychological landscape, landscape dear to one's heart などが使い分けられ、それぞれ表現が異なります。

「場所への愛着」と「原風景」という言葉を用いた研究を見ると、この二つの意味には内容的な重なりも多いようです。しかし原風景には「子ども時代の体験にもとづくイメージ」の意味があるので、「過去から現在・現在から過去」という時間軸が深く関わる点が特徴的です。

同窓会などで久しぶりに地元の友だちに再会したとき、または、しばらく離れていた家族が集まったときなど、何かのきっかけで子ども時代の体験談に花が咲き、楽しい気持ちや懐かしい気持ちになった人は多いことでしょう。

このように「原風景」とは、「子ども時代に生活していたところでの空間・場所・風景と関連する体験にもとづいて、生涯のさまざまな時期におりにふれて回想され、再体験される、一つの風景として心に残っているイメージ」ととらえることができます。★1

以下、筆者が語りあう形の調査で出会った一人の方の、ある原風景のイメージを示してみましょう。

いちばん記憶に残るのは僕が幼いとき住んでいたところ、海の風景なんだ。歩いて五分……海の音・匂い、きりが立ち込めている海、しかしね、単純に海の風景というよりは、野原の風景としなければならないな――。……また、暮れる日がとても好きだったんだ。その姿を見ながら一日がまとまっている気分になった。路地で遊んでいるとき、「○○ちゃん！　ごはんだよ」と呼んでいる声があって、遊んでいる子どもがいる風景。これが、私が考える平和の象徴

★1　南、一九九五（参考文献）

なんだ……。

どこに行けば洞窟がいくつある、という噂があると、そこに全部行ってきたよ。沙羅峰にある洞窟は全部行ったと思う。……こわいよ、もちろん。みんな怖がったんだ。僕たちが二、三名で「おい、行こう、行こう！」と誘って、古いゴム靴で松明を作って持っていったよ。……入ると、英雄の誕生ね。そんな概念が洞窟だよ。探検と未知の世界……森があって、鳥の声があって、そのような、僕が馴染んでいる少年のころじたいが休息処になるから。……

語り手は、子どものときに暮らしていた地域での、空間・場所・風景と関連した体験を想いだし、それを語るなかで懐かしさや安息感を味わったり、わくわく感・恐怖感を想いだしたりしながら、再度、自分や場所の体験に意味づけを行っていたのです。

「ぼくは、野原でいっぱい遊んでいろいろ考えたので、いまそれなりに望ましい人間になっていると思う」というふうに（図1）、場所体験を自己アイデンティティ化しつつ、その場所体験は「わたし物語」になっていきます。

また「だから、都会に行っても、そのような雰囲気がある空間・場所がほしくなる」というぐあいに、故郷を求める心が、現在の場所の選び方や好みにもつなげられていることが見られたのです。★1

図1 平和の象徴を示す総合的な概念「野原」

★1 呉、二〇〇〇（参考文献）

●原風景の定義をめぐって

日本ではじめて「原風景」という用語を使ったのは、文学者の奥野健男です。[★1] 奥野は、原風景を「幼少期・青年期の自己形成空間として深層意識のなかに固着したイメージ」であるとし、それが「作家たちの造形力の源泉」になると考えました。[※1]

また、人類学者の岩田慶治は、[★2] 原風景を「忘れようとしても忘れられない幼少期の風景であり、ことあるごと立ち返り自らを力つけてくれる風景で、自己のアイデンティティの土台」としています。

農学者の勝原文夫は、[★3]「各人の持つ原風景は、個人的原風景と地域的・国民的原風景の二重構造からなり、水稲農耕民であった日本人にとって農村の風景こそが代表的な国民の風景である」と述べました。

このような原風景という言葉・概念は、近年では日常的にも見られるようになり、まちづくり・地域づくり活動などにも関連づけて使われています。

●原風景とまちづくり……どう関係するか

先ほども例にあげた、筆者の実地調査による〝語りあいからみる原風景研究〟[★4] や、〝住民たちが参画する地域づくり活動〟[★5] などを考えると、その活動と関連して原風景が話題になるときには、以下の点が心理的に想定され、考察されていると思われます。

★1　一九七二

※1
奥野健男の「文学における原風景」（一九七二）は、はじめて原風景という言葉を学問上に載せ、すべての原風景研究で引用されている。奥野から一九九〇年代までの原風景関連研究を取りあげ、原風景の定義や特性、実証研究などについては、呉宣児（二〇〇一）の「語りからみる原景―心理学からのアプローチ」に詳しく紹介されている。

★2　一九七七（参考文献）

★3　一九七九（参考文献）

★4　呉、二〇〇一（参考文献）

★5　呉・奥田・大森、二〇一六（参考文献）

①子育ての視点からいまの地域を考える……いまのまちかどや、そこにいる大人の姿は、子どもたちの原風景になる。

　未来の担い手である現在の子どもたち。その自己形成空間として、現在の地域をとらえ直す。そして地域のコミュニティのあり方や、空間・場所等のあり方を考え、子どもたちが成長後の未来に抱くであろう地域への誇り、愛着感情を先取りしてイメージする。

②住民参画のプロセス……語りあいのなかで、「わたし物語」から「われわれ物語」になる。

　同じ地域に住んでいる旧住民・新住民・多世代の多様な人々が、ともに語りながらイベントや作業を進めていくなかで、地域の歴史や特性、課題や未来の方向を論じあう。それらを「共有」し「再認識」することによって、「われわれ感が生成される」というプロセスを踏むことになる（図２の上段部参照）。

③地域特性の発見……「固有名」で表現される「地域特性」を知って、思い出を共有する。

　住民参画のなかで生成される、多様な「われわれ感」の中身を詳細に取りあげる。地域の特徴や世代の特性、旧・新住民の違いなどを表す具体的なもの・ことを新たに再発見し、再認識することによって、地域づくり活動と関連する素材や

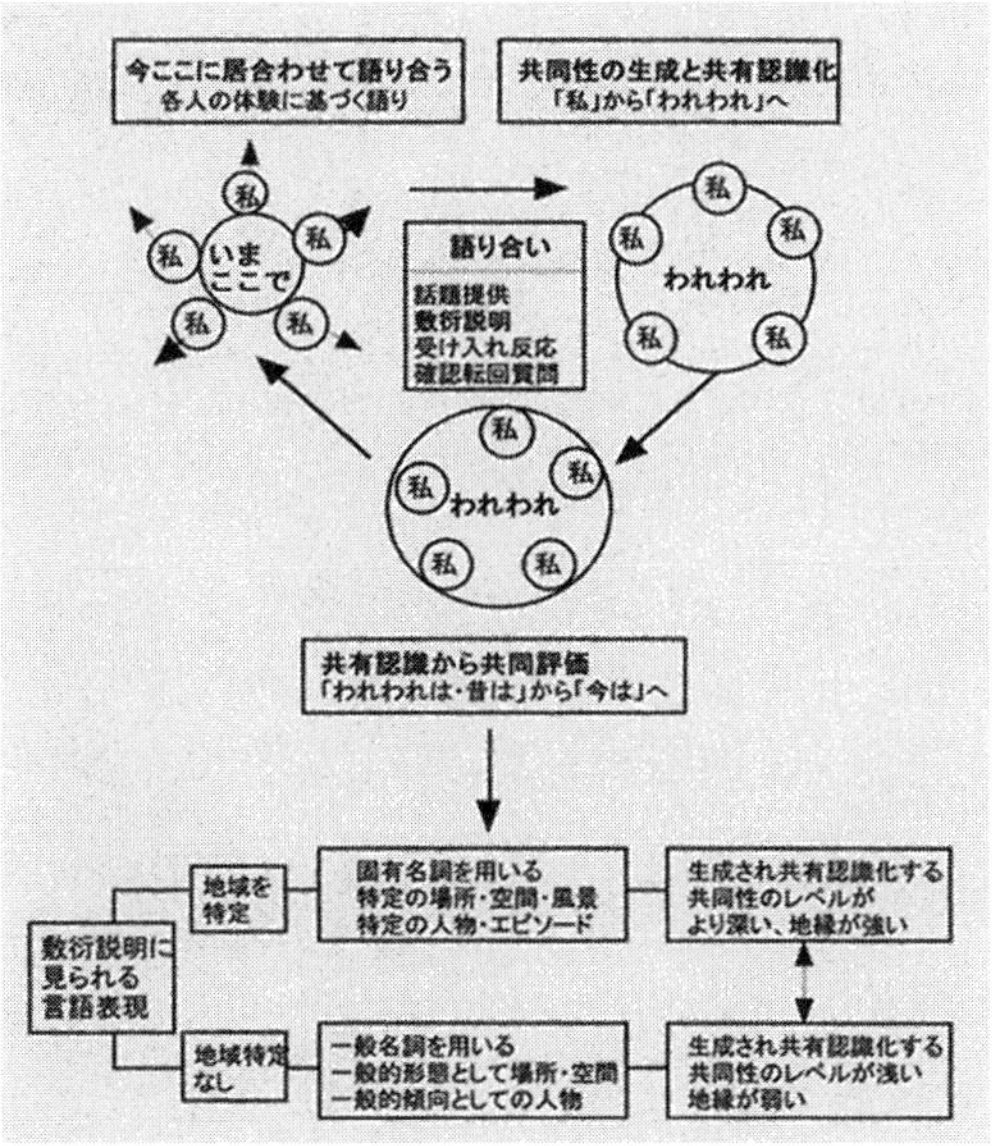

図２　語りあいの中に現れる共同性の生成とレベル

テーマを見つける（図2の下段部参照）。たとえば、地域の固有名詞などがその素材になる。

●「わたし物語」から「われわれ物語」へ

同じ地域に住んでいる人々（旧住民と新住民、多世代の人々）が集まって、子ども時代の体験について語りあうことがあります。面白いことに、個別に語ったときの体験と内容は似ており、それが「わたし物語」にならずに「われわれ物語」になっていくことが示されました。[★1] 以下の例をすこし見てみます。

A　そのときは沙羅峰と言ったばあい、とても遠かったんだ
B　僕は山川壇まで行ったよ
C　え！　山川壇まで！
A　もちろん、野イチゴを採ったり
D　私たちが学校に通うときは、沙羅峰、山川壇はそのまま歩いたよ
B　しかしね、いまはここに来てみて息苦しい、まちの空間がなくなって、この市内に

A　われわれの時、遊び場だったな、定期的に探検するところ
B　子どものときは、沙羅峰は本当にアジト本部にしながら遊んだから……そこに洞窟がいくつかあったけど、ゴム靴を木の棒に結んで火をつけて

★1　呉、二〇〇一（同）

C　靴で？

A　古くなったゴム靴

B　とてもりっぱな松明のようになるよ……そこに行くときには怖いから

……ここを通過する人はわれわれの大将にしよう！

A／B　ははは……

B　そんな記憶を（子どもにも）与えたくて、いまは海にも連れて行ったり

山にも連れて行ったりするけど

以上の例は、なにげない、ただの昔の体験話に見えます。しかし、図1、2、3と体験話をもういちど参照しながら考えてみましょう。そして、語りのプロセスのなかに表れる固有の名前に注目しましょう。

具体的な場所（沙羅峰、山川檀、洞窟（図３））

もの（野イチゴ、ゴム靴、松明）

こと（遠くまで歩く、洞窟探検、大将誕生）

これらが固有の名前で提示されることで、地域の特性や住民の体験にもとづく思い出の場（心理的に結びついている場）を見つけることができるのです。

さらに重要なことがあります。

最初は「私は○○だった」という個人の「わたし物語」の文脈でしたが、「わたしも○○をした」「わたしは○○をしてないけど」と語りあいが進むなかで、

図３　探検の場所 洞窟

地域の空間・場所・風景のことを「知っている」われわれ、「同じ体験をした」われわれ、体験や知識は同じでなかったけど、語っているいま・ここで「新たな意味を見つけ共有する」われわれ、などの多重のわれわれが、「**いま・ここで紡《つむ》ぎだされる**」ということです。話題が出た最初、文脈上の主語は「私・僕」ですが、話が交わると「私も・僕も・われわれは」へ変化し、そのわれわれと対比する形で「いまの子ども、いまの空間」が語られます。

「原風景」を語りあうことがもつ共同性の機能がおわかりいただけるでしょう。内部の者、外部からの者、多世代で語ると、それぞれ違う視点、新たな価値が浮かびあがってくる、そしてそれを認識し共有することになるのです。[★1]

★1　呉、二〇〇一、二〇〇四（同）

●「こと（事、コト）のデザイン」「もの（物、モノ）のデザイン」

これらの点から、まちづくりのための、具体的で重要なヒントが得られると思われます。まず、「住民同士の語りあいから生成される〈われわれ感〉」を紡ぎだすことを、「**ことのデザイン**」と考えてみましょう。

そして、紡ぎだされ共有される内容をヒントに、じっさいに地域の特性を生かした景観づくりや維持などに活用されるときには、これを心理的なつながりを反映した「**もののデザイン**」と考えるのです。

このような「ことのデザイン」「もののデザイン」という概念は、地域づくり、まちづくり活動のコンセプトとして、幅広く用いることができると思われます。[★2]

★2　呉、二〇〇四（同）

じっさいに地域づくり活動をしていくときのこと。どれくらいの費用がかかりそうなのか、利益が出るものを作ろうか、そのための予算があるのかを考えることになりますが、それを「経済的価値」だとします。

次は、何かを作ったとき、それが直接の経済的利益は創出しないが、みんなが使える意味あるものだとしたばあい、それは「使用価値」があるとします。

この経済的価値や使用価値までは、地域づくり活動でよく検討すると思います。さらに、これまで述べてきた、住民の語りあいによって地域の場所・風景と関連する体験・イメージを共有し、われわれ感と関連する何かを作ったとき、それは、住民の「心理的価値」も反映されたといえるでしょう。

●「語り」が持つ二つの機能

もうひとつ、東洋的な思想風土が思い描く「原風景」の具体例をあげます。

筆者は『語りから見る原風景』[★1]という本のはしがきに、以下のように書きました。これは筆者がイメージする「原風景」の一面であり、やはり現在を生きる人間の癒しや、活力につながっていく事実をおわかりいただけると思います。

「私は韓国の南端にあるチェジュド（済州島）という島で生まれ育ちました。その島の真ん中にハンラ山という高い山があります。（図4）山全体の曲線が緩慢であるためか、温かい日は巨人がまるで陽射しを楽しみながら昼寝をしてい

★1 呉、二〇〇一（同）

図4
寝ている顔のように見える山

るように見える、とずっと思っていました。（中略　家の近くの）あの榎の周辺の空間は私の子ども時代の生活における一つの拠点とも言えます。毎日子どもがあつまり、何かが始まりました。あそこに行けば必ず誰かがいる。もし、いなくても山を眺めながら座っていればいいのでした。たまに、通っていく車、トピョン（吐坪）小学校や各家を囲んでいる石垣群（石の塀）、そして各家の石垣の間には鬱蒼と繁った防風林群が蔽っている薄暗い細い道。あの高い木には悪い蛇がいっぱいいて、その蛇を見たら手が腐ってしまうと言われ、手を背中の後ろに隠しておどおどしながら一所懸命に蛇に見つからないように木を見上げたこと……。思い出しはじめると、きりがないくらい次々と記憶が甦ってきます。（中略　日本に留学に来て）とても疲れてしまったとき、近くに公園のベンチに座っていると、あのハンラ山が思い浮かんでくるのでした。温かい陽射しを楽しみながら巨大人が昼寝をしているように見える平和らしい山の姿が……。そして私は元気になります。」

これまで述べてきたことを、最後にもういちど別の角度から見てみます。住民たちが原風景を語りあうことには、次のような「機能」があると思われるのです。

①地域住民が地域を知り、共有していく大事なプロセスとして位置づけられる機能がある。

【参考文献】

岩田慶治「日本文化の深層―全体像のためのフォークロア」諸君！9(11)、158―162　文芸春秋社（一九七七）

呉宣児「語りから見る原風景：語りの種類と語りタイプ」『発達心理学研究』11(2)、132―145（二〇〇〇）

呉宣児「語りからみる原風景―心理学からのアプローチ」萌文社（二〇〇一）

呉宣児「地域再生という現実へ―原風景と地域共同体」山本登志哉・伊藤哲司（編）現代のエスプリ449、120―128　至文堂（二〇〇四）

呉宣児・奥田雄一郎・大森昭生「前橋市の地域づくり事典」共愛学園前橋国際大学「地（知）の拠点整備事業（COC）」研究報告書（二〇一六）

奥野健男「文学における原風景：原っぱ・洞窟の幻想」集英社（一九七二）

勝原文雄「農の美学」論創社（一九七九）

②語りに登場する内容から、地域が持っている顕在的・潜在的魅力や、特徴、問題を発見しやすくする機能がある。

以上の二点は、地域づくり・まちづくり活動における「語り」のすぐれた機能性を、よく表していると考えられます。【園田】

南博文「子どもたちの生活世界の変容―生活と学校のあいだ」南博文・やまだようこ（編）「講座生涯発達心理学3　子ども時代を生きる―幼児から児童期へ」金子書房（一九九五）

4-3 サードプレイスと居場所

●「サードプレイス」という居心地のよい場所

次に現代社会と場所での経験という視点から、アメリカの一つの問題について考えてみましょう。正確には「アメリカには何かが欠けている」という指摘です。それが、サードプレイスです。

アメリカにサードプレイスがないことを指摘したのが、オルデンバーグ[★1]です[※1]。彼は、アメリカの都市の成長と開発にまつわる問題として、インフォーマルな公共の集いの場（地域住民などが気楽に集まれる場所）が不足していることに注目しました。そして、そのインフォーマルな公共の集いの場をサードプレイスと名づけたのです。

ほかの国や文化圏には、そういう場がいろいろ存在しています。人のよく集まる公共の場の例としては、ドイツでのビアガルテン（ビアホール）、イギリスのパブ、フランスのカフェ、イタリアの広場（ピアッツァ）。

★1　一九八九（左注）

※1
Oldenburg, Ray (1989) The Great Good Place: Cafes, Coffee Shops, Bookstores, Bars, Hair Salons, and Other Hangouts at the Heart of a Community, Da Capo Press 『サードプレイス――コミュニティの核になる「とびきり居心地よい場所」』レイ・オルデンバーグ　忠平美幸翻訳　みすず書房（二〇一三）

オルデンバーグは日本の喫茶店（tea house）を、個人とそれより大きな社会とのあいだを取りもつ基本的な場所としてあげました。またその日本語訳の解説で、日本文化研究者であるマイク・モラスキーは日本でのサードプレイスについて、カウンターが中心のこぢんまりした赤提灯や、庶民的な居酒屋での常連客のふるまいを取りあげています。

このような場所では、目的なしの交流が自由に行われるのですが、そこにはじつは別の目的があり、何らかの大きな役割を果たしているとオルデンバーグは考えました。そしてその場が果たす機能を、「サードプレイス」論としてまとめたのです。本格的に主張しはじめたのは一九七七年からですが、一九八九年、社会学者向けではなく一般向けに〝*The Great Good Place*〟★1という書籍として出版しています。

彼はこうも述べています。都市化や郊外化が進むことで、人は近隣を歩き回らず、人と出会わず、語らず、そしてコミュニティ共通の関心を見つけられず、集合的な力も実現できない。しかしこうした現象は民主主義の根幹をゆるがすものだ、と。

こうなると、先の「原風景」のところで述べた、個人個人のまちでの体験が「われわれ物語」になっていくようなことは起こらないでしょう。つまり、この本の流れで考えれば、住民によるまちづくりに必要な力が、都市化や郊外化で発揮できなくなっていると考えられるわけです。ですからオルデンバーグが指摘

★1　前出『とびきり居心地よい場所』みすず書房

した現象は、日本のまちづくりにおいても同じく、根本問題としてとらえるべき部分だと思われます。

また彼は、サードプレイスで受けわたされる日常的な助けあい、相互扶助についてもふれています。日常的に知りあいを助けることが、福祉への関心と、福祉の本当の理解につながるという指摘です。しかもサードプレイスでは、それぞれの人間が娯楽の提供者であり、そこは知的討論の場ともなり、ばあいによってオフィスの一部にもなる、と。

昨今のまちづくりにおいて、「相互扶助」「多様性の理解」「住民参加」などは、中心的なタームの一部といえるでしょう。それらが、サードプレイスでは日常的に行われていると考えることができるわけです。彼は、こうも述べています。（公的ではない）人のよく集まる公共の場、それが、文明や、都市の成長、洗練に欠かせないと。

●まちのなかに居場所があるか

『とびきり居心地よい場所』でオルデンバーグが語った具体的な事例は、われわれが日本で考えるべきまちづくりについて、ひじょうに有益な示唆を含んでいると思われます。そこには「サードプレイス」問題だけでなく、「働く場所」と「住居」や「買い物の場」などについての考察も含まれているからです。

「他国の人々にとって豊かな生活に不可欠な、家庭でも仕事でもない、充足とつながりの第三領域を、アメリカ人は持っていない」

「ある観察者が書いたとおり、人はある場所で働き、別の場所で眠り、また別の場所で買い物をし、楽しみや仲間は見つけられるところで見つけ、それらの場所のどこにも関心を持たない」[★1]

「彼女（ドロレス・ハイデン＝アメリカの都市史学者、建築家）いわく、アメリカ人は理想都市の代わりに「夢の住宅」という幻想を抱いたのだ。（中略）大きな家を購入することは、コミュニティへの参加ではなく、むしろコミュニティからの逃避を意味する。（中略）人々は自分の私有地を頼りにするようになる……」

いろいろ思い当たるふしがあります。こんどはフィクションの例ですが、アメリカのシチュエーション・コメディ（和製英語でいう「ホーム」ドラマ）に、近隣の住民はほとんど出てきません。撮影上の制約や方針もあるでしょうが、まさしく家の中で起こっていることが多く、コミュニティの話は出てこないのです。

もちろん、現代の日本のマンション生活で、似たような「孤人化」「孤独化」が進んでいることはいうまでもありません。

●子どもの居場所をどう見つけるか

最後に、重要な観点を示しておきたいと思います。子どもの居場所のことです。右のオルデンバーグの著書にも子どもに関する章があり、こんなことが書

★1 翻訳「インフォーマルな公共生活がないがために」四〇頁

かれているのです。

「子どもはまだ自己主張する力が十分に備わっておらず、弱い立場にいる」

日本では、子どもの居場所に関する研究が、二〇〇〇年前後から発展したといえます。[★1]もちろん「サードプレイス」と「居場所」は、かならずしも同じ意味の概念ではありません。しかし、まちのなかにサードプレイスをもつことができるか、居場所と感じられる場所を探すことができるか、これは、まちづくりにおいて大切な要素、環境としてのまちの問題でもあり、住まう側である人間の問題でもあるわけです。

そして子どもは、現在・未来の地域関係者の重要な一員なのです。「原風景」のつながりとともに、このことを忘れてはなりません。

【城月】

★1 『子どもたちの「居場所」と対人的世界の現在』住田正樹 南博文編著 九州大学出版会、二〇〇三

4-4 Sense of Place

●「センス・オブ・プレイス＝場所感覚」

センス・オブ・プレイスという言葉があります。なんとなく意味はおわかりですね。もともと「Sense of Place」は一九七〇年代に、先に紹介したようなレルフ[★2]やトゥアン[★3]などの人文地理学者の領域で用いられるようになった用語です。

この概念は「場所への愛着」と同じ意味のものとして用いられるばあいが多いのですが、[★4]いずれにしても日本においては、場所に関する心理的状態を表現

★2 一九七六（本書72ページ参照）

★3 一九七七（本書72ページ参照）

★4 大谷、二〇一三

する概念として、さほど市民権を得ているとはいえません。日本では「場所の意味」あるいは「場所の感覚」などと表現されることもあります。しかし前者については、われわれは「場所が人間との関係性を抜きにして何らかの意味を持ちうる」というスタンスに立っているわけではないので、この本では著者たちがこれまで用いてきた「場所感覚」という用語で統一したいと思います。

さて、この場所感覚という概念ですが、これを「場所への愛着」と同じ意味として扱うのはまちがっています。トゥアンも指摘するように、この場所感覚は、人間が特定の場所に対してもつ総合的な感覚を含むものであり、そのなかには「恐怖」という感覚も含まれるからです。言いかえれば、「人と場所との全体的な心理的結びつき」を意味しているのです。

いっぽう、本章の第一節で園田が指摘しているように、場所への愛着は、まず肯定的な場所との心理的結びつきです。ひとつの定義としては、「集団あるいは個人とその環境とのあいだを発展させる肯定的な結合材」と理解されています。[★1] 環境心理学の分野では、場所への愛着という言葉について右の定義が一般的に受け入れられているのです。[★2]

★1　Altman & Low 1992（前出）

★2　Williams and Vaske 2003

●「場所アイデンティティ」

しかし人間と場所との心理的結びつきは、単純に「好き」などの感情だけでとらえきれるものではありません。たとえば自分の生まれ育った故郷、あるいは学業や仕事などで一時的に生活した場所などは、かならずしも「好き」という心理的結びつきとはかぎらないでしょう。むしろ、にがく苦しい想いを抱いた人々も少なからずいるはずです。

イタリアの環境心理学者であるジュリアーニらは、こんな例をあげます。「ナチスの存在した場所は、とくにユダヤ人にとっては確かに強い喚情的価値（意味）を持った場所である。しかし私たちは果たしてそれを、愛着があると言うことができるのだろうか」[★1]。これは特殊な例ですが、人間と場所との心理的結びつきはそれほど複雑で、肯定的なものとしてだけ「見る」べきではないのです。また、肯定的な影響だけを与えるものとしても「見る」べきではありません。

ともかく、その場所が「好き」かどうかは別として、自己のあり方を決定している場所、という経験をもつ人は意外に多いのではないでしょうか。これを「場所アイデンティティ」[★2]と言い、次の節で詳しく説明します。しかし、環境心理学者のマンゾが述べるように、環境心理学における場所研究の多くが、「場所というものを、根付き[★3]や所属感、安らぎの場として、過剰に見なしてきた傾向がある」[★4]のは事実でしょう。いずれにせよ、この場所感覚という概念じたい、現象学的立場から議論されてきたという背景があります。そのため、どのようにこの概念をクリアに取り扱うのか、環境心理学的にはあまり議論が深まってきませんでした。

★1 Giuliani and Feldman 1993
★2 Place identity
★3 Rootedness
★4 L.Manzo 2003

●場所アイデンティティを構成する三つの要素

この状況で「場所感覚」の概念をはっきり整理したのが、ヨルゲンセンとステッドマン★1という学者です。

彼らの説明によると、**場所感覚**は、その下に次の三つの要素を含むものとされます。「場所アイデンティティ（Place Identity）」「場所への愛着（Place Attachment）」「場所依存（Place Dependence）」です。「場所感覚」は、それらの概念で構成される統合的な概念として用いられているのです。

人間と場所との心理的な結びつきという、その全体的な状態を理解するうえでは、幅広い事象をとらえることにおいて、この「場所感覚」という概念がもっとも有用だと思われます。そのいっぽう、われわれが「場所感覚の強さが文化遺産の保全行動に与える影響」を調査したイギリスの小さな村ダービシャーデールズでは、こんな結果も出ました。※1 住民の文化遺産保全に対する心理的態度では、「場所への愛着」がもっとも強い影響を与えており、その他の二つの概念の影響はないことが明らかになったのです。

こうした結果を総合的に考えると、とくにまちづくり心理学の実践的応用を考えていくさいには、「場所への愛着」がキーワードになることは間違いないと思われます。

★1 Jorgensen & Stedman 2001

※1 Masahiro Shirotsuki, Satoshi Otsuki, Miho Sonoda. Effect of sense of place on property owner's Behaviour for maintaining historical building: A case study in Eyam village in UK

【参考文献】

Tuan, Y.F. Rootedness versus sense of place. Landscape, 24, 3–8 (1980)

Williams, D.R. & Vaske, J.J. The measurement of place attachment: Validity and generalizability of a psychometric approach. Forest Science, 49, 830e840 (2003)

Manzo, L.C. Beyond house and haven: toward a revisioning of emotional relationships with places. *Journal of Environmental Psychology*, 23, 47–61 (2003)

Jorgensen, B.S. & Stedman, R.C. A comparative analysis of predictors of sense of place dimensions: attachment to, dependence on, and identification with lakeshore properties. *Journal of Environmental Management*, 79, 316–327 (2006)

4-5 場所アイデンティティとは 【城月】

●「場所アイデンティティ」という用語が使われる理由

「場所アイデンティティ」。場所をめぐるいろいろな概念のなかでも、これがもっともやっかいな存在かもしれません。

もともと心理学の分野と、都市計画やまちづくりの政策的な分野は「交流」が少なかったのです。しかし、なぜかこの「場所アイデンティティ」だけは、心理学的な研究成果も十分に反映されないまま、政策的な場面で用いられてきました。正確にいうと、それは本来ひじょうに多義的である心理学的研究の「イイトコドリ」が行われた結果です。[★1]

場所アイデンティティの「アイデンティティ」とは、もともと心理学者のエリクソンが用いた概念です。一般的には「自己同一性」と訳されています。発達段階において、自分とは誰か、どのようにあるべきかという問いに対し、これこそが自分であるという実感を「自己同一性」、つまり「自己アイデンティティ」と呼びました。

アイデンティティというこの概念、つまり「〜らしさ」や「本来のあるべき姿」という意味の概念が、なぜ都市計画やまちづくりの分野で（不正確ではあるが）用いられるようになったのでしょうか。

Giuliani, M. V. & Feldman, R. Place attachment in a developmental and cultural context. *Journal of Environmental Psychology*, 13, 267–274 (1993)
Emily C.-Wright & Virgil H. Storr. "There's No Place like New Orleans": Sense of Place and Community Recovery in the Ninth Ward after Hurricane Katrina, *Journal of Urban Affairs*, Volume 31, 2009- Issue 5
大谷華「場所と個人の情動的なつながり—場所愛着、場所アイデンティティ、場所感覚—」『環境心理学研究』第1巻第1号 pp.58–67 二〇一三年

★1 詳しくは筆者らによる概念整理（城月・園田・大槻・呉「『まちづくり心理学』の創出に向けた基礎理論の構築」名古屋外国語大学現代国際学部紀要第9号）を参照。

●地域らしさの演出のために

　一九六〇年、都市のイメージ研究の原点となる主要著書『都市のイメージ』を著したのが、ケヴィン・リンチ[★1]です。リンチは都市の「わかりやすさ」[★2]を研究したのですが、都市のイメージを構成するものを、「アイデンティティ（Identity）」「ストラクチャー（Structure）」「ミーニング（Meaning）」の三つに分類しました。

　そのなかで、リンチはアイデンティティを、「対象物を他のものから見分けていること、独立した単体として認めていること（中略）何か他のものと同一であるという意味のほうではなく、個性とか単一性という意味をあらわしている」と述べ、自分の著書で「アイデンティティ」という言葉を用いたのでした。[※1]このリンチの著書は、その後の都市計画におけるイメージ研究に大きな影響を与えることになります。

　日本でも一九七〇年代後半から、都市のイメージに関する研究が、都市計画の分野で多く登場するようになりました。とくに七〇年代後半、八〇年代以降は、止まらない大都市の人口増と、地方の過疎問題が大きな問題となるなかで、第三次全国総合開発計画[※2]が福田赳夫内閣によって策定されます。そこでは「地域特性」を活かしたまちづくりが推奨され、当時の大分県知事である平松守彦[★3]知事が「一村一品運動」[※3]を展開した時期でした。こうして、ある地域の「らしさ」「個性」をつくっていくという社会的機運が醸成されていき、その地域の個性

★1　Kevin Lynch 1918–1984

★2　イメージ・アビリティ Image-ability

※1　ケヴィン・リンチ『都市のイメージ』（丹下健三・富田玲子訳）岩波書店（二〇〇七）新装版

※2　全国総合開発計画（略称「全総」）は、国土総合開発法にもとづいて策定される計画で、長期的視野にたって日本全体の国土開発の方向性を示したもの。最初の全総は、一九六二年に、当時の池田勇人内閣において策定、閣議決定された。この全総では、高度経済成長時代、所得倍増計画などを背景に、大都市と地方の格差是正を目的として「地域間の均衡ある発展」が目標として定められた。

★3　一九二四―

※3　この運動は、各地方の特性を活かし、産業基盤の弱い地方において

という意味で「地域アイデンティティ」という概念が登場したのです。

●混乱する「地域アイデンティティ」のとらえ方

都市計画の分野で用いられるこの「地域アイデンティティ」というコトバの用いられ方を大雑把に分類すると、次の三つになるようです。

①地域の個性を象徴するランドマーク的な事物を表現する
②地域住民が「まちの誇り」などの共通して認識している事物を表現する
③住民がそのまちに対して抱く帰属意識（これはごくまれです）

じっさい、前にお話しした八〇年代末の竹下内閣の「ふるさと創生事業」では、①を意味するものとしての地域アイデンティティ形成への取り組みが、数多く行われました。なかには、海外のある国と緯度が近い・気候が似ているなどの理由で、その国のシンボルマークをそのまま自分たちのまちに建設した事業なども現れたのです。

当時の自治省の報告書などを読むと詳細がわかるのですが、現時点でなんとか入手可能という点では、外山操らの『おらが村の一億円事業は何に化けたか』[★1]が貴重な資料です。いずれにせよ、都市計画においては「地域アイデンティティ」という概念が用いられることが多く、しかも先に述べたように統一的な概念の定義がないために、どの意味で用いられているのかがひじょうに判別しにくい、そのため研究の対象となりえていないというのが実態です。都市計画

も、地域の資源を用いた特産品づくりを行うことで活性化を目ざす新しい取り組みとなった。この大分県の取り組みは日本全国に広がっただけでなく、主だった収入源を持たない東南アジア諸国の農村開発にも影響を与えた。なかでも、タイにおける「One Tambon One Product」はよく知られている。「Tambon」とは、「集落」または「町」を意味する。

★1　雄鶏社　一九九三

においてはとくに、心理学でいうアイデンティティとは関係の薄い、①②の意味で用いられているケースが多いといえるでしょう。

しかし、環境心理学では「場所アイデンティティ」をもっと別の、明確な概念として使っています。それは、「自己という存在への場所の投影」★1および「自己の場所への帰属感」★2であって、これは先ほどあげた都市計画での③の意味とほぼ同じです。それじたいは単純に「好きである」といった肯定的な心理のつながりではなく、「自己のあり方と切り離せない特定の場所との心理的結びつき」と理解できます。

要するに、同じ言葉で別の意味として用いる、またときには同じ意味として用いるこうした混乱が、都市計画やまちづくりにおける住民の心理的問題へのアプローチを難しくしているとわれわれは考えます。少し長いのですが、このことを指摘する環境心理学者の主張を引用したいと思います。

「場所への愛着が重要であることは、ほとんど誰も否定しないだろう。しかしこれらの議論は、なぜ場所への愛着がコミュニティ計画や開発プロセスにおいてもっと重要な役割を果たしていないのか、という疑問をもたらす。その答えの大部分は、学問横断的なコラボレーションの欠如と、学問分野のいたるところに存在する見解の相違に帰せられている。場所への愛着やアイデンティティを研究している環境心理学者は、しばしば個人的な経験や意味に焦点を当て、それらの現象の集合的な性質については目を向けようとしない。いっぽう

★1 Jorgensen & Stedman 2001
★2 Gifford 2001

コミュニティ心理学者は、コミュニティ開発やエンパワーメント（個人の能力開発）、そして人々の凝集によって形成される社会関係資本を扱うものの、個人的な経験や場所にもとづく理論★1に焦点を当てることはしない。またプランナーやコミュニティ・デザイナーは、近隣レベルの力学や、政治経済的なマクロ構造の次元を考察する傾向が強いものの、場所に対する個人的な経験や愛着に目を向けようとしない」★2（傍点、引用者）

いまの引用では、個人に関する研究と集団に関する研究の断絶が指摘されています。じっさい都市計画領域では、アイデンティティや帰属意識、場所への愛着など、ごくかぎられた範囲での研究成果のレビューが行われるばあいでも、指摘されるような「学問横断的なコラボレーションの欠如」は明らかです。たとえば、環境心理学の分野での代表的なジャーナルの一つ、場所に関連する研究テーマの掲載枠をもつ『*Journal of Environmental Psychology*（環境心理学ジャーナル）』の論文などを参考にするケースは、ほとんど見られないからです。

★1 Place-based theory

★2 L. Manzo 2006

【参考文献】

E・H・エリクソン『自我同一性―アイデンティティとライフサイクル』誠信書房（一九七三）

外山操・グループ21『おらが村の一億円事業は何に化けたか』雄鶏社（一九九三）

独立行政法人中小企業基盤整備機構国際化支援センター「平成二四年度女性の潜在能力を活用した一村一品運動にかかる調査 最終報告書」二〇一三年三月

Manzo, L. and Perkins, D. Finding Common Ground: The Importance of Place Attachment to Community Participation and Development. Journal of Planning Literature, 20 (4), 335–350 (2006)

第5章……まちへの愛着を育む視点とノウハウ

【園田】

これまでの話で、「場所への愛着」や「原風景」などの心理的側面が、まちづくりにおいていかに重要な基礎的要件となるか、おわかりいただけたのではないでしょうか。

5−1 場所への愛着を活かす視点

●「移住」ではなく「再建」

第4章では、「まちの特性や傾向に応じた、より効果的なアプローチは、そのまち特有の戦略として考えられるはずです」と述べました。ここではそれを受けて、じっさいに場所への愛着を活かした「まちづくり実践」のケースを紹介しましょう。まずは、「先進国」アメリカの例。ヘスター[★1]は、五〇年近くもコミュニティ・デザインに関わった景観建築家です。その著書のなかで彼は、住民の「場所への愛着」をうまく活かしたコミュニティ・デザインの技法と実例を複数あげています。[※1]

コミュニティ・デザインとは、そのコミュニティ全体のあるべき姿をデザインする、という意味での総合的なプランのこと。そこには建物や公園などのハード面や、さらには「人のつながりによって課題を解決する仕組み」などのソフト面の設計も含まれます。

★1 Randolph T. Hester

※1 Do Not Detach!: Instructions from and for community design, "Place Attachment – advances in theory, methods and application"Lynne C. Manzo & Patrick Devine-Wright, 2014, p191–206

その技法では、「聖なる構造」[★1]と名づけられたコンピュータによる参画型デザインプロセス（マッピング手法を含む）を用い、場所への愛着をまずは明確にして、空間化し、正当なものにしていきます。

一九六〇年代の初期、ノース・カロライナ州のローリー[★2]では、市が都市再開発のための「クリアランス・プロジェクト（スラム街一掃）」や、都市間高速道路の計画を採択しました。そのなかに、多くの人にスラムと見なされていた黒人ゲットー、チャービス・ハイツ[★3]のコミュニティを取り壊すという計画があったのです。

これに対抗してヘスターたちが考えたプランは、「ブロック・バイ・ブロック」[★4]住居再建と呼ばれるものでした。その内容は以下のとおりです。

人々が、自分の家と同じようにもっとも愛着を抱く場所である狭い路地、正面ポーチ、街角の店々などを守ること。そしてコミュニティ・サービスに再投資すること。しかもこれらは、居住者の移住なしになされるべきである、というプランだったのです。結果として、一九七五年までに市は、都市再開発クリアランス計画を破棄しました。

もうひとつの例。マサチューセッツ州のケンブリッジでは、ストリート・ギャング（まちの路地などで活動するギャングの末端組織）が、住民としばしばトラブルを起こしていました。そのギャングたちは、まちの「ダナ公園」[★5]につよく愛着をもっていて、自分たちのことを「ダナパーク・ギャング」と呼んでいたほど

★1 Sacred Structure
★2 Raleigh
★3 Chavis Heights
★4 block-by-block
★5 Dana

です。

この点に注目したヘスターは、彼らのテリトリーを詳細に地図に落としこみ、まず公園設計に反映しました。彼らがつよく愛着を抱いている場所にはパターンがあり、そこで起こる他の利用者とのあいだの揉めごとを解析したのです。ギャングは、おもな公園の出入口で、彼らのたまり場に入った者を攻撃していました。また、斜めに通る小道の脇のベンチに一人で座るような高齢の市民にも、嫌がらせをしていました。そこは公園唯一の芝生を四つの小さな三角形に分ける小道であり、彼らが野外スポーツを行いたい場所だったのです。

新しいデザインでは、広い中央の共有オープン・スペースをつくり、また高齢の人たちが座るような場所をギャングのたまり場から離れた端のほうへ置くことで、結果的にこれらのいざこざを排除しました。※2

●ヘスターがとなえた一二のデザイン技法

ヘスターの考え方、具体化の方法には、まちづくりに関して学ぶべき点が多々あります。彼は、一九八〇年代のノース・カロライナ州マンテオ★1での経験を踏まえ、基本的なデザイン技法について、次のように述べています。なおここにあるのは、絶対必要な条件であり、そのエリアから切り離してはならない項目です。

①一人一人に対する聞きとりから始め、住民が言うことのパターンを探る。

※2
Hester, 1975 "Neighborhood space" Randolph T. Hester, Jr (1975), Stroudsburg, Pa.: Dowden, Hutchinson & Ross　まちづくりの方法と技術―コミュニティー・デザイン・プライマー　ランドルフ・T・ヘスター　土肥 真人　現代企画室 一九九七

★1 Manteo

見えるものだけではなく、全体的な場所の意味をつかむ。場所に関する文学など、二次的な情報ソースも読む。

②日常生活のパターンを描く。どの空間でどの程度、何をするのか、将来の利用者がどのような行動をするのかをイメージして描く。

③まだ知られていない情報源も探す。そこには、人や建物が隠れているかもしれない。

④真のニーズや関心事、問題をつかむ。権威あるところから渡された問題をそのまま鵜呑みにせず、コミュニティの深層部まで掘りさげる。

⑤地元の聡明な人を探して情報を得たりし、こちらのアイデアを試しに聴いてもらう。

⑥欠乏から学ぶ（何が足りないかを知る）。

⑦科学と、現象学的知見（今そこにあるものをそのまま見る＝実情把握）を一つにまとめる。最大公約数を探す。たとえば、過去と未来は矛盾もあるが、場所への愛着と場所からの孤立化は、人を**進歩的なノスタルジア**へ誘う。

⑧専門的なスキルを使い、それをコミュニティに提供する。

⑨深い**環境価値観**によって、想像できないことを想像できるようにする。

⑩コミュニティを刷新するために、アリーナ（広場）をつくる。

⑪デザインにたずさわる者が、長期間、その場所にコミットする。

⑫「民主主義」と「場所づくり」、その管理を一所懸命にやることの重要性

を信じる。

ヘスターはさらに述べます。

「いちどデザイナーが知るようになると、人々が愛着を抱いている場所の力を意識して、デザインを改善することができる。同様に、いちど明らかになれば、コミュニティに深く抱かれている、場所に結びついた価値観は、優れた計画を生む」

場所への愛着こそが、公共の議論の場で、また行政的な意思決定のよりどころとしても、一つの強力な決め手になりうることを述べているわけです。非常に刺激的であり、実践に裏打ちされた有効な視点といえるでしょう。

5－2 住民講師の語りから見る地域づくり 【呉】

●住民主体＋行政サポート・前橋市の例

「水と緑と詩のまち」……筆者が二〇〇四年、はじめて前橋に降りた日に駅で見た市のキャッチフレーズです。「詩」というのは、前橋が日本近代の代表的な詩人・萩原朔太郎の出身地だからでもあります。

前橋は群馬県の県都であり、市のホームページによると、二〇一八年現在の人口はおおよそ三七万七〇〇〇人。このまちは、ユニークでちからづよい「まちづくり」を実践していることでも知られています。

住民参加・住民主体の地域づくりという全国的な流れのなかで、前橋市でも、二〇〇五年から新たな地域づくりにとりかかったのです。市はまず、「協働型社会の構築」と「地域コミュニティの再生」という二つの目的を掲げました。最初は行政が進める形でモデル地区を選定したうえで、地域と行政がそれぞれ「地域づくり」に対する理解を深めながら、地域づくりへの取り組みを試みていきました。

二〇〇六年度のモデル地区選定に始まり、毎年モデル地区を増やしていき、二〇一八年現在、前橋の全二四地区のうち、二三地区において「地域づくり協議会」が設立されています。一〇年以上活動している地区もあれば、三年未満の地区もあります。

モデル地区指定年度	地区協議会名
平成18年度 (2006)	上川淵地区地域づくり協議会 桂萱地区地域づくり推進協議会 南橘地区地域づくり推進協議会 清里まちづくり協議会 大胡地区地域づくり推進委員会
平成19年度 (2007)	若宮地区地域づくり推進協議会 芳賀地区地域づくり推進協議会 総社地区地域づくり推進委員会 みやぎ地域づくり交流会 粕川地区地域づくり協議会
平成20年度 (2008)	南部地区地域づくり協議会 天川地区地域づくり協議会 下川淵地区地域づくり推進協議会 東地区地域づくり協議会 元総社地区地域づくり協議会
平成21年度 (2009)	桃井地区地域づくり協議会 中央地区地域づくり協議会 永明地区地域づくり協議会
平成22年度 (2010)	城南地区地域づくり協議会 富士見地区地域づくり協議会
平成24年度 (2012)	敷島地区地域づくり協議会 岩神地区地域づくり協議会
平成26年度 (2014)	中川地区地域づくり協議会

●意識がしだいに変化する

私は二〇〇八年から、前橋地域づくり活動に少しだけ関わってきました。それも横からながめる形で。あくまでその立場から、活動の流れの印象をスケッチしてみます。

①最初は、行政が新たな地域づくりに関する講演会や、地区住民を対象に、ワークショップを一、二回提供しつつ案内をした。いっぽう、自治会や地域団体から代表が集まり、地域づくり活動のイメージについて共有しながら準備会を作った（一年目）。

②準備会のメンバーで今後の取り組みを考えた。中心メンバーの構成を変えながら、各地区で正式に「地域づくり協議会」を設立（だいたい二年目）。

③各地区で「協議会」メンバーが中心になり、地区住民とともに、地区に必要な活動について考え活動をしていく。

④メンバーが入れ替わりつつ、地域住民が自発的に協議・計画・実行していくなかで、さまざまな地域づくり活動が行われた。

この流れのなかで、①の段階から④に進むにつれ、だんだん住民たちが主体になって、自発的に活動を行っていくようにみえたことは確かです。最初の①の講演会やワークショップなどでは、地区の住民から「行政は私たちに何をしてほしいですか」「私たちは何をすればいいですか」など、行政から下りてくることをやるという雰囲気で受け止めていた方もいました。しかし徐々にそのイメージも変わり、④あたりになると、地区の住民みずからが、地域のなかでより良い暮らしをしていくために自分たちでやりたいこと、やるべきことを探していくという雰囲気に変わっていきました。

さらに、各地区の地域づくり協議会の横のつながりの連絡組織として、「前

前橋地域づくりフェスタのポスター

橋地域づくり連絡会議」も組織されました。ふだんは各地区で活動をしながら、一～二か月に一回程度の連絡会議で情報交換をします。そして、年一回は全地区が集まり、「まえばし地域づくりフェスタ」がかたちを変えながら開催されています。

私も地域づくり連絡会に、オブザーバーとして何回か参加してみました。そこでは、たとえば「フェスタありき」で話が進むのではなく、フェスタを「するかしないか」も会議を通して決めます。またどのような形態にするかも、毎年の協議のなかで決められていきます。

●「したい」から「する」へ

次に、いくつかの地区を中心に取りあげ、活動の実例をあげてみましょう。二〇一七年六月、私は何人かの住民の方に、私の担当する大学の授業で「住民講師」になっていただきました。住民自身が考える地域づくり活動がその話の中心テーマです。講師の住民の方は、居住地区や横のつながりの連絡会議でも、キーパーソンとして活動している方々でした。

東京の田町出身の鈴木さんは、もともとは東京都恩賜上野動物園水族館（両生類・爬虫類、マグロ・サメ担当）や東京都葛西臨海水族園（マグロ・サメ、近海魚担当）で飼育係の仕事をしていました。奥さんの実家が前橋であり、祖母が一人になっていた事情と関連して前橋で暮らしはじめたそうです。

鈴木正知 氏（50代）
・前橋地域づくり連絡会委員長
・上川淵地区地域づくり協議会副会長、食育部会長、企画運営委員会代表

「九枚の異なる活動の名刺を持っていますが、それぞれの名刺での活動が互いにつながると地域に必要な活動になっていきます」

「したい」というイメージを
「する」に変えていかないと
まち・地域は変わらないです！

鈴木さんが考える地域づくりとはどんなイメージなのでしょうか。

「地域づくりと書いてしまうといかにも作っている感じですが、でも、地域って、作るものではなく作られるものだと思うんです。それぞれの地域にいろんな人がいて、いろんな暮らしがあって、いろんな活動があります。農業の方もいれば畜産業の方もいたり、サラリーマンの方もいたり、自営業の人もいる。そういう人たちの暮らしが地域の形となっていくというイメージです。一人一人がこういうまちを〈つくりたい〉、こういう暮らしを〈したい〉というイメージを〈する〉に変えていかないと、まち・地域は変わらない。その実現できることを周りからサポートしたり、〈あ、いいね！自分ではできないけど、あなたの活動は一緒にやりたい〉という仲間が増えていくのが、地域づくりという概念になっていくと思って活動しています」

鈴木さんが住む上川淵地区には古墳群があります。古墳は今の農家にしてみれば、邪魔にさえ感じられる部分もあります。しかし機械などがなかった昔からここに暮らしがあったというのは、肥沃な土地で作物がよく育ったりした場所だったからのはずだと思いはじめました。

だから、そのような場を自分たちの暮らしにどう役立てるかを考えたとき、「古代米」を作って地域の宝にしようという発想が出ました。小学校・幼稚園などを通して子どもたちの教育にもつなげていく、地域づくりの提案が出たということです。古代米を作るだけではなく、昔は米を作ったあとの稲わらも生活に使っていたので、その発想の延長線で竪穴式住居を作ることにしました。

最初は、前橋工科大の学生たちとタイアップして、一つの形を作り上げていきました。竪穴式住居を小学校の校庭に建て、授業にも活用できるようにし、毎年補修作業も行っています。歴史、理科、国語、算数などすべての授業に使えるよう、先生たちのアイデアも加わり、子どもたちも一緒にみんなで考えていく形です。このように、日々の暮らしがどう地域に役立っていくのか、そこから地域づくりにつながると鈴木さんは考えていました。

●自分が楽しまないと続かない！

桂萱地区の地域づくり推進協議会副会長の真下さんの話。

「桂萱地区では、暮らしと健康を中心に考えました。ファミリーウォーキングは、一年に二、三回程度、人々のいろんな活動へのきっかけづくりになればと思って実施しています。歩くことと、おしゃべりしながら地区のいろんなところを見ることがおもな目的です。楽しめないと続けられないものですから、自分をいかにたのしませるかを考え、発信しております。毎年同じ繰り返しでは飽きがきますから、次は何をしようかと思う部分で少しストレスになることもありますけれども、動けるうちは続けていきたいという気持ちです」

桂萱地区ではほかに、「もったいない活動部門」で各町の育成会や同人会などと協力し、廃品回収をして活動資金にもしているそうです。また暑い時期に

古代米耕作後の竪穴式住居づくり

真下　靖氏（60代）
・桂萱地区地域づくり推進協議会副会長、ファミリーウォーキング部門部長
・前橋地域づくり連絡会議副委員長

「生きているうちは続けていきたいですね。自分をどう楽しませるか、それも重要です」

部屋・建物の温度を下げるため、グリーンカーテン作りの推奨活動もしているようです（ゴーヤの苗を三〇〇本ほど無料で配布して、育てることを推奨）。「福祉部門」では、いきいきサロンなど高齢者を対象にしたものや、新生児がいるお母さんたちが公民館で楽しむ時間を持ったり、いろいろな講習会も開かれているようです。

●育ててもらった地域への恩返しに

みやぎ地区の委員長である大崎さんは、一〇年以上も地域づくり活動に携《たずさ》わっています。

「ずっとみやぎ地区に住んでいて、結婚して子どもが二人生まれました。子ども育成会の地区会長だった関係もあり、少し面倒だけど地域づくりにも関わってみようか、という単純な理由が最初でした。

現場に出ていくと、思っていたのとまったく違いました。子どもたちと関わるなかで、なんとか自分の地域を良くしたいなという欲が生まれたんです。地域づくりって、けっきょく人づくりですね。自分たちの会も一一年になるんですけど、無理しちゃうと本当に長続きしない。できることをやってみるという気持ちが大事だなって思います。カッコよくいうと、地域への恩返しになるかなという気がします」

単純なきっかけで地域でのいろいろな活動をするようになった大崎さんは、

ファミリーウォーキング

大崎博之氏（40代）
・桂みやぎ地域づくり交流会ふれあい交流部会部会長
・前橋地域づくり連絡会議副委員長

「できることからやってみる気持ちがいちばん大事かな。地域づくりはけっきょく人づくりかなと思う」

地域とのつながりは絶対に必要と思っていました。田舎に行くほど孤立するので、やはり協力していい地域にしていくことが必要である、と語りました。

　みやぎ地区の「ふれあい交流部会」では、祭りや集会行事を通して住民間の交流を深めています。地区の文化祭で作品展示会も行い、若年層からお年寄りまで寄り合うことも定着しつつあります。「自然環境交流部会」でも、力を入れて地区内の荒砥川《あらとがわ》に着目した住民交流活動をしています。除草、剪定、掃除などの「荒砥川美化運動」をしたり、地区外の人々も巻き込んで「荒砥川自然満喫会」も実施されています。「福祉交流会」では、自治会の協力も得て、年配の方向けのさまざまなサロンを年に三、四回くらい行っているそうです。

　この地区ではそのほか、年四回ほどの広報誌「きずな通信」を作り、回覧板としてマイホーム配布しているとのことです。もう一つは、みやぎの七つの地区のイメージを表す七字ファミリー（ゆるキャラ）を作り、あらゆる活動に活用している様子もよく見かけます。広報誌やフェイスブックなどにシンボルとして使われ、Tシャツにして販売・宣伝したり、クッキーの模様にも用いていました。

●地域は子どもを育てる一つの場

　黛さんは、粕川地区地域づくり協議会に属し、それとは別枠の農学舎という団体でも活動しています。そこにはハムを作る職人、魚の養殖家、釣り堀を経営する方、牛を飼ってチーズを作る職人、養鶏、農家、納豆を作っている方な

ふれあい交流部会

七字ファミリーTシャツ

ど、さまざまな人が集まっています。二〇一六年にＮＰＯの形にしたそうです。黛さんは自然体験活動指導者という立場で、農学舎でやっている子どもたちのイベントのコーディネーターの役として携わっています。

「大人も子どもも、自分たちがふだん食べている野菜がどんなふうに育つのかを知らないんですね。子どもたちとの農業体験でスイカの苗を植えようとしたとき、子どもたちが苗を懸命に観察して、スイカがないスイカがないと言うんです。種から芽が出て花が咲いて、実ができるってことを知らない。そういうことを、子どもたちに伝えたいなと思ったんです。また、命ってじつは暖かいよというのも伝えたい。牛乳とか卵とかはスーパーで売られているので、冷え切っていますね。でも本当は牛乳だって卵だってあったかい。

子どもたちを育てる場はもちろん学校、そして家庭もそうなんですけど、やっぱり地域も子供を育てる一つの場じゃないか。地域でしか教えられないことって、たくさんあるんじゃないかなって思います」

この農学舎は、前橋で活動しているうちに地域づくり活動ともつながりました。黛さんは、二〇一八年現在は粕川地区の地域づくり協議会のメンバーになって、全地区が集まる連絡会議にも出るようになったそうです。

●地域をつくる人づくりとは？

いまの話に「地域づくりって、けっきょく人づくりですね」という言葉があ

黛　若葉　氏
・ＮＰＯ法人まえばし農学舎
・粕川地区地域づくり協議会
・前橋地域づくり連絡会議副委員長

「子どもを育てていくことは学校や家庭ももちろんですが、地域も子どもを育てる一つの場だと思います。」

商店街のイベントで野菜を売る子どもたち

ります。その意味はまず、どの地域でも一緒に活動してくれる人が少ない、地域に興味・関心を持って関わってくれる人を増やしたいということです。私の講座でも、人づくりとは具体的にどういうことか質問があり、いろいろ意見が出ました。

「言葉ではかんたんですが、むずかしいですね。行動がともなわないと口先だけになります。地域に住む以上、何らかの形で関わりを持つ必要が出てくると思うんです。見えない部分でかならずお世話になるので、自分で住んでいるところを楽しいまちにしたい。一人では生きていけないですよね」（大崎さん）

大崎さんは、行動がともなう仲間を増やすことを強調していました。

「知識と知恵と行動ができる人を求めますね。人づくりといいますけど、付きあいがめんどうだ、少ないという人には、つくるという前に、付きあいをしてほしいということもあります」（真下さん）

引っ込み思案だった真下さんは、まずは付き合いの大切さを強調しました。

長年連絡会議の委員長をしながら地域づくり活動に携わってきた鈴木さんは、何かがやりたい人と、それができるフィールドをつなげることこそが人づくりであると力説しました。

「皆さん何が問題ですかと聞くと、若い人が来ねーとか言うんです。それは、関わってこないんじゃなくて、関わる組織を作ってねーからでしょう。そこでどうすればいいか考えて、若者会議というのを組織したんです。地区に関係なくオール前橋の考え方で、ここで何かしたい人、前橋が好きな人で自分がやりたい夢を持っている人、手を上げてといったら、三六人が手を挙げました。でも、若者会議として何かをやるのではなく、思いを持って集まった人たちだから、自分のやりたいことをプレゼンしてもらう。一人でも賛同者ができたら、プロジェクトチームをつくる。いま一八個のプロジェクトが動いています。地区の地域づくりの人たちとも、タイミングがあえば連携していく。ふだんは離れていても、何かあると一緒にやっていきましょうという仕組みをつくったんです。

　南橋地区にはきれいな里山があるんですけど、保全活動をする若い人たちがいない。そこで、いろんなNPOなどが組んで活動するようになりました。里山というフィールドがあっても、活用できるプログラムを持っている人がいない状況。逆にプログラムは持っているけど、フィールドを持ってない人もいます。その二つをつなぐことで一人ではできないことができるようになるのです」

　以上のように鈴木さんは、「何かをやりたい人」と「その活動が必要な場」をつなげるだけで、人材不足の解消になり、それじたいが人づくりにもなっていると語りました。今では九枚の名刺を持っているそうです。一枚の名刺でできるときもあるけれど、三、四枚の名刺のつながりでやっと一つの活動が成り立つこともあるそうです。

　また、風通しをよくすることも大事だと言います。三〇人を超える参加者の会議では、数名に発言が集中しやすい。委員長役の鈴木さんは、なるべくかんたんにまとめることをせず、かならず意見を確認しつつも、各地区の代表へ自発的な発言を求めていました。

以上、紹介した四人の方々は、空いている時間を利用して活動している状況でした。子育ての時期以外、地域活動のため、土日は家の外ということも多かったようです。

地域や地域活動にまったく興味のない人は「家に住んでいて地域に住んでいない」感じがしますが、この四人は逆です。自分を育て、いまも住んでいる好きな地域・地区だからこそもっと良くしたい、自分も楽しみたいと思い、しかし持続性を考えて無理なくできる範囲でするというのが、全員の共通事項のようにみえました。

第４章に、場所への愛着や原風景、サードプレイスなど、心理的結びつきを表す言葉がありました。古代米や竪穴式住居を作っているという日常的な風景じたい、その地域の子どもたちや大人にとっての原風景になっているかもしれません（もちろん他の事例も）。

家と職場以外に交流ができる場を「サードプレイス」と呼ぶなら、住民講師の方々の語りからは、地域のあちこちがサードプレイスであるようにも感じます。人々のサードプレイスが地域に散在し、そこでの交流が活性化されているとしたら、もちろんその地域は住みよいまちになっていることでしょう。

5-3 地域と大学生の協働　【城月】

●外部から関わることのもやもや

筆者が二〇一〇年から約二年間、ご縁をいただいて高知大学地域協働教育学部門に勤務していたときの事例です。短期間でしたが、私に与えられたミッションは、「学生と地域が協働して地域課題の解決に取り組む」ことができる、そんなフィールドを発掘することでした。もともとフィールドワークの大先輩である中澤純治准教授のお誘いをいただき、よくわからないままにお供するという経緯から私の活動は始まりました。

高知県四万十市の西土佐中組地区は、高知市から鉄道を乗り継いで約二時間半。ただし列車本数が限られるため、現実的には車で移動せざるを得ない、典型的な中山間地域です。清流四万十川が流れ、美しい山々に囲まれている絶景の地ですが、やはり少子高齢化が進んでいます。四万十市役所から、大学生とこの小さな集落で活性化につながることができないか、お話がありました。これが地域と学生の協働のきっかけとなったのです。

当初は地域の草刈り、田んぼの収穫のお手伝いなどを学生たちが行い、夜は、地域の方々と地域食材を使った料理を一緒に作って食べる、そして地域の方々の家に寝泊まりさせていただく（一つの家に一、二名）。そうした活動を継続的に行っていました。今でも、そのときの様子が頭から離れません。たしかに学生たちは、あり余る体力で、林道の草刈りなどに貢献しました。ですが、それ以上にヨソモノ中のヨソモノである筆者は、滞在中、地域の方々と接するなかで、二つのもやもやした気持ちを抱いていました。

その一つは、本当に学生たちはお手伝いできているのだろうか、「自分たちは地域の役に立っている」、そういう感覚を学生がもつことが果たしていいのかどうか、ということでした。じっさい山林、田んぼなどに入る前に、学生が怪我をしないよう、作業しやすいようにと、地域のおじさんたちが〝準備〟をされていました。料理もそうです。あらかじめ食材がきれいに用意され、学生たちは、お膳立てされた状態で〝お手伝い〟をしていたわけです。むしろ学生たちが訪れることで地域にご迷惑をかけている、そのどこが〝協働〟なのか。バックグラウンドでどれだけ多くの人々が動いてくださったのか、そこをどれだけの学生が理解できているだろうか？

二つめのもやもやは、ヨソモノである学生たちは「優しさ」の搾取をしていないか、ということでした。[★1] たとえば昨今のテレビ番組では、とつぜん地元のお宅を訪れて食事をごちそうになる、しかも泊めてもらう、などというシーンも見られます。そうしたメディアでは、きまって地元の人々は優しく、都会の人々へのおもてなしに喜びを感じている。そんな「田舎」のステレオタイプ的な描かれ方がされているような気がします。

一九八〇年代末の「ふるさと創生事業」が、全国のあちこちでおもてなしブー

★1　澤渡（二〇一二）の調べによると、地方の風物や文化をメディアで取りあげはじめた代表例は、『遠くへ行きたい』（旧国鉄一九七〇年から放映）、『真珠の小箱』（近畿日本鉄道が沿線周辺の文化紹介のために一九五九年から二〇〇四年にかけて放映）など。

ムを引き起こし、その結果一時的な集客はみられたにせよ、じっさいには数年後、財源の枯渇や地元住民の疲弊によって、多くの取り組みはすぐに下火になりました。過疎で困っている地域は都会からくる人たちにおもてなしをして当然、優しくて当然、都会からくる人々はそれを享受して当たり前……。そういう一方向的で「地域搾取的」な活動は、過疎で弱っている地域をさらに疲弊させ、ついには「まちづくり」そのものへの嫌悪感を生み出すことにつながったからです。いうなれば、もっとも深刻な「心の過疎」を生み出したといってもいいかもしれません。

筆者は、そういう近過去に日本全国で起きたことと、まったく同じ轍を踏んでいるのではないかと感じたのです。自分たちがやがて卒業し、その地域を再訪することはないであろう「一時的な消費者」であることへの無自覚さ。毎回、屈託のない笑顔で私たちの乗って帰るバスを見送ってくださる姿。筆者は学生の手前、手をふってみるものの、地域を裏切っているのではないかという思いをずっと心の底では感じていました。

●住民が誇っていないことに目を向ける

いっぽう、さまざまな取り組みを続けていくなかで、ヨソモノとしての筆者や学生が発見できたこともあります。ある老朽化した「小屋」（もとは村の養蚕作業所）に、おばあさんたちだけが定期的に集まり、何かを作っているようなのです。ほかの住民は「あそこは、おばあさんらのたまり場みたいなもん」「若い人はだれも行かんよ」と言い、寄りつこうとしません。

訪れてみると、八〇歳を超えるおばあさんたちが、田のあぜ道で育てた大豆を蒸し、石臼ですりつぶし、薪をつかって豆乳をわかし、豆腐づくりを行っていたのです。とくにきまった日や時間はなく、何となく天気のいい日に集まるとのこと。そんな日には、定期的に魚や食品を積んだ移動販売車がやってきて、おばあさんたちも買い物を楽しみにしていました。つまりここが、まさにおばあさんにとっての「サードプレイス」だったのです。

学生や筆者が注目したのは、豆腐づくりの過程でした。おばあさんたちは豆乳を沸騰させてニガリを入れるのですが、その途中、おぼろ豆腐よりもさらに固まっていないアツアツでふわふわの「半おぼろ豆腐」を味見としてふるまってくれました。食べ方は、お椀に入れて市販の醤油を少したらすだけ。これが劇的に、ヨソモノたちには美味しく感じられたのです。この「豆腐」をもっと食べたいと、筆者を先頭に学生たちにも大ウケしました。

おばあさんたちは、豆腐づくりの合間に仲間で食べていただけで、料理だとも、ましてや地元の資源だとも思っていませんでした。異常なほどに喜ぶヨソモノの姿は、おばあさんたちにとっては「？？」だったに違いありません。ヨソモノは大きな地域資源になるに違いないと確信し、この「ふわふわとうふ」の商品化を提案しました。でも、おばあさんたちは乗り気ではありません。単なる

老朽化した「小屋」に集まる

豆腐のつくりかけで、とてもお金を払ってもらうようなものではないと考えていたからでした。

しかし、四万十市役所の当時の担当者・谷口忠之さんのご助言もあり、地元の産業祭と呼ばれる祭に、ついに出店することになりました。手間ひまかかる「ふわふわとうふ」を、なんと試食会として無償で配布したのです。

その結果、「配り残り」はなく「完売！」。このことが、おばあさんたちの自信、喜びに変わっていきました。そして次はなんと、石臼などの「ふわふわとうふ」作りのセットを、二時間はゆうにかかる道のりを経て高知大学の大学祭にもってきてくれたのです。寒い冬の屋外で、いつものとおりおばあさんたちはふわふわとうふを作り、大学祭で販売して大成功をおさめました。身内だけで食べていたものが、大切な資源に変わった瞬間でした。

●「ふわふわとうふ」のその後

本節を執筆するにあたり、筆者は二〇一八年二月、六年ぶりに西土佐地区を訪問しました。そして、現在は他部署に異動された当時の市役所の担当者・谷口さんにさまざまな経緯を聞きくことができました。以下はその概要です。

「四万十市の当時の所管課で、二〇一〇年度から〈地域集落再生事業〉を開始しました。外からの風（地域外の視点）を活用し、身の丈に合った小さな経済を西土佐地域内の集落で何か一つでも創出できれば、市全体の活性化につなが

「ふわふわとうふ」の無料試食会

るのではと思ったのです。高知大学がすでに他の地区で実績を積んでいたのは知っていましたので、ご協力をお願いしました」

最初に述べた、筆者のもやもや感も含めてお尋ねすると……。

「最長でも四年で卒業してしまう学生さんたち、という問題ですが、それでいいと考えていました。いわゆる〈よそ者、若者、バカ者（外部視点で、しがらみなく活動に打ち込めるという意味）〉です。学生は「風の人」で良いのです。無責任でいいしお金もそんなにかからない（笑）。中組地区のばあちゃんらは、孫みたいな学生さんが来てくれて、こんにゃくやふわふわ食べて、おいしいゆうてくれるのが嬉しいと言ってましたし。地域住民に〝何か〟を起こさせるきっかけの風、それが学生でした」

筆者の考えに反し、谷口さんは当初から、ふらっと現れては消える存在として、「学生」をポジティブにとらえていました。そこから、何かしらの予期しない「トランザクション（相互交流）」を期待していたのでしょう。

その後の聞き取り調査で、「ふわふわとうふ」の展開が明らかになりました。谷口さんの話によると、おばあさんたちは養蚕所に五人で集まって（五人衆）話をしたり、豆腐やこんにゃくを作ったりしていたのですが、地域の他の人は来なかった。しかし学生たちが大量に地域にやってきたことが、おばあさんたちだけでなく、地域の人たちの集まる「口実」を作っていきました。

やがて学生たちも、任意団体の「ＮＳＺ（詳しい語源は不明）」というサポート組織を設立、自発的にこの地域に入っていくようになりました。その後、大学生と地域との交流「事業」としては、学生たちの卒業にあわせて三年ほどで終了しました。しかし「ふわふわとうふ」は終わりませんでした。谷口さんとおばあさんたちは、ゆっくりゆっくり活動を継続していました。

「私が気軽に声がけをしながら、おばあさんたちは高知市内に売りに行ったりしていました。最初は、街に行ったときのコーヒー代が稼げたらいい、そのうちランチ代になったらいいね、というぐあいに。徐々に道後（松山市）での出張試食配布、給食センターへの提供と、範囲を広げていったのです」

もともと谷口さんは農家が多いこの地域のために、もう一人の職員とともに手分けして農作業が終わる夜、一戸一戸訪ねては、愚痴も含めたさまざまなコミュニケーションのなかで、ほぼすべての住民の一日の生活サイクルを把握していたのでした。それも、繁忙期、農閑期をとおしてです。

まさに、本章のはじめで述べたへスターのまちづくりデザインの原則、①「一人一人に対する聞き取りから始め、住民が言うことのパターンを探る」、②「日常生活のパターンを描く。どの空間でどの程度、何をするのか、この先の利用者もどのような行動をするのかイメージを描く」の実践でした。

こうした丹念な把握があったからこそ、学生たちとの交流のタイミングや、おばあさんたちを「プッシュ」するその頻度、強弱も絶妙なものになり、結果的に活動が続く要因の一つになったのでしょう。

二〇一五年に、この西土佐地区で道の駅「よって西土佐」の開業を機に、「中組の豆腐」が、商品化されることになりました。豆腐づくりの過程でうまれるおからを使ったかりんとうや、ドーナツも販売され、テレビでも放映されるなど、一躍有名な商品として認知されるようになったとのこと。★1

二〇一八年現在では、おばあさんたちは週に二回集まり、豆腐、かりんとうやドーナツなどを作り、年間二〇〇万円ほどの売り上げをあげているといいます。おばあさんたちも、年間で一人一〇万円ほどの収入（おこづかい）を得ているようです。しかも、今はおばあさんたちだけでなく、下の世代も参加するようになりました。

谷口さんはこれに関して、重要な指摘をしてくれました。

「おばあさん五人衆だけでやっていたときと違って、〈若い（六〇代）〉人も参加していますが、意見も違う。全員の考えが同じわけでもない。ただ、何かを作って楽しい、それを人に喜んでもらうのが嬉しい点は共通している。共感できる部分だけ一緒にやるんです。それだけ」

おばあさんたちの趣味にすぎなかった豆腐づくりが事業化してしまうと、多様性が失われてしまうことにもなりかねません。その意味では、事業化しても週に二回、無理せずつづける、できることだけ、やりたいことだけやる、これは重要なことでしょう。おばあさんたちの言葉もそれを裏付けています。

「本当に、楽しいだけよ。みんなで集まっていろんな話しをして。最初は家

★1　筆者は、おばあさんたちや、中組絆の会代表の市川さんに、六年ぶりに運よく会うことができました。

二〇一八年三月、四万十市西土佐の著者たち（左・大槻、右・城月）と、谷口忠之氏（中央・氏のサードプレイスの居酒屋「台北」にて）

からおにぎり持ってきよったけんど、いまは昼はいろんな料理を作ってみんなでわいわい食べるのが楽しい」「みんなが明るくなった。大学生の孫も、ばあちゃんの作ったふわふわ、かりんとう美味しいゆうてくれる」

「道の駅行ったら、いろんな地区の商品があるけど、真っ先に自分らの豆腐を見に行くよね。家で豆腐がなくなっても、ぜったい普通の豆腐は買わん。自分らの豆腐を買う。高いけど（笑）」「若い人が、年とってから戻ってきたら、続けてくれたらいいな」

「風の人」であるヨソモノ大学生と教員、そして行政職員が入り込み、ゆるやかにフェードアウトしていったこの中組地区。六年の時を越えて、小さな取り組みが自転していました。※1

●「地域の良いもの探し」をあえてしない

以上の西土佐地区中組集落での出来事は、いわゆる従来型のまちづくりの考え方、方法とは異なっています。

通常、住民参加型でまちづくりを行っていきながら、地域の資源を発掘するような「ワークショップ形式」がよく採用されます。そこでは、自分たちの身近にある地域の魅力ある場所・モノやコトを、まち歩きなどを通じてピックアップする方法が採用されます。こうなると、参加者が本当にそう思っているかどうかは別として、「魅力あるもの探し」の視点で地域を観察する、その時点で、

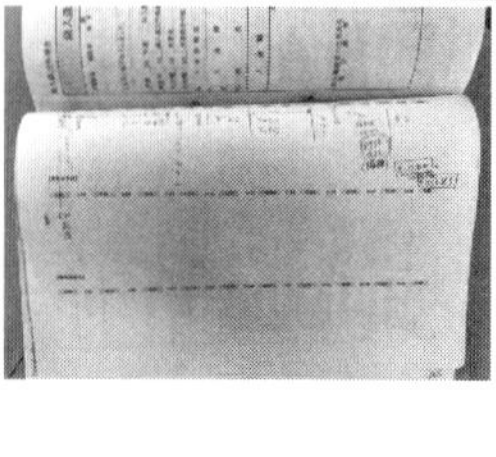

道の駅でもさまざまに販売される

参加者の視点が無意識のうちに固定化されるのです。つまり「良い」「魅力ある」という既成のまなざしで地域をみることになります。そうなると、

①多くの参加者やヨソモノが納得する無難な資源しか見つけられず、本当の資源を見過ごしてしまう。

②その結果、資源の比較対象が容易にみえるため、相対評価してしまい、住民が本気で自信をもつことがむずかしい。

③それによって、資源の発信・磨き方が中途半端になる。

そういう悪循環に陥ってしまうことがあるわけです。「地元の○○牛は美味しいけど、肉といえばやっぱり松坂牛だよね」というようなぐあいに。先の学生の参加が、「地域のいいところ探しワークショップ」などのような方向で行われていたら、おそらく結果は得られなかったでしょう。

冒頭に述べたもやもや感をすべて拭い去ることはできないにせよ、それでもまちづくりの実践において、ヨソモノにはヨソモノとしての存在意義があるというのが、いまの筆者の結論です。その理由は二つあります。

一つ目は、先に「心の過疎」と書いたように、地方の抱える多くの問題ののなかでもっとも深刻なものの一つは、自分たちの地域に未来はない、何をしてもムダだと思う住民が増えることだと、筆者は考えています。

日本創生会議が二〇一四年に発表したように、日本の総人口は今後も減少し、地方だけでなく大都市圏の人口も同じ方向をたどります。多くの地方、小さな

※１（前頁）
もやもやはあったけれど
ふわふわによって
そこそこのおこづかいが
かせげる
ゆるゆるの活動で
今のニコニコにつながっています
（谷口さん・談）

集落は消えていく可能性が高いと言わざるをえません。

では、まちづくりは無駄な取り組みかといえば、決してそうではありません。人が減少しようと、高齢者ばかりになろうと、住民の一人一人がその地域に住まう未来を描けることこそ、地域活性化のカギだからです。その意味で、**地域の価値を再認識する機会**を与えられるのは、住民とヨソモノとのトランザクションに他ならないのです。

二つ目の理由は、おばあさんたちがふわふわとうふが好きで、誰に頼まれるわけでもなくずっと食べ続けてきた、この事実にあります。いっぽう、お客さんが家に来る前には掃除して取りつくろうように、地域にヨソモノが来れば、当然、その地域をよく見てもらいたい（見てもらっても大丈夫なようにしたい）と地域の人たちは考えます。山の整備活動の前の「事前整備」、料理作りのための「下準備」がまさにそれです。ヨソモノが魅力を感じるだろう、喜んでくれるだろう視点で地域が切り取られるわけです。ここで、地域の人々とヨソモノのまなざしが一致してしまうのです。

逆に、そのまなざしから漏れたもの、地域に定着しているけれどヨソモノに見せるのは恥ずかしいと思われているものこそが、じつは大きな可能性を秘めていることもあります。ふわふわとうふは、無意識でしたが、おばあさんたちはずっと好きだったのですから。ヨソの人には出さない、見せないけれど、その地域ではフツウなこと、なぜか続いていることを発掘することが必要ではないでしょうか。そのためにはヨソモノの視点が必要だと思います。
本当の住民参加のまちづくりはヨソモノ参加のまちづくりでもあるのです。

5-4「語りあい」を通じて愛着と誇りを育む　【大槻】

●リタイア夫婦の移住から始まった地域再生

徳島県と高知県の県境、山頂近くに位置する大豊町《おおとよまち》八畝《ようね》地区（高知県）。典型的なこの「限界集落」で、筆者は地区の愛着と誇りの再生に関わっています。

京都出身のヨソモノである筆者が、同じくヨソモノである大学教員や学生たちと一緒に取り組む活動を紹介しつつ、ヨソモノと住民の「語りあい」※1が誇りの再生に果たす役割について考えたいと思います。

八畝地区は、四国の登山の名山である梶ヶ森の山頂近く、三三世帯七七名の小さな集落です。吉野川源流の谷を挟んで怒田地区と向かい合わせになっており、南米のマチュピチュを思わせる壮大な棚田風景から、田植え時にはファンが写真を撮りに訪れる場所でもあります。しかしやはり高齢化の進展と人口減少により、近い将来の集落消滅が懸念されています。

二〇一〇年、高知市の隣の土佐市から、大谷一夫・咲子夫妻が移住してきました。そのころは、多くの住民から「八畝は好きだけれど息子は住まわせられない」「八畝は自分の代で終わりだ」との声をよく聞いたといいます。

※1　第４章で呉が述べているように、環境心理学の分野では地域を「語る」ことで、地域と個人の感情的な結びつき（＝愛着）が高まることが提示されている。本節の事例は、住民とヨソモノが地域について「語る」プロセスを通じて、地域への愛着を高めていく事例といえよう。

大豊町八畝地区

建設会社経営をリタイア後、登山のさいに感動した八畝地区を移住先に選んだ「ヨソモノ」である大谷夫妻。彼らは、雨上がりの棚田や米づくりの営み、山の景色を巧みに生かした庭座敷、お茶づくりなど、八畝ならではの文化的景観[※2]をなんとか残そうと、谷向かいの怒田集落で行なわれていた高知大学との連携イベントに参加、農学部の浜田和俊講師に協力を依頼したのです。

大谷夫妻と浜田講師は活動の第一段階として、「日本一のシャクヤク園」を目ざしました。梶ヶ森に咲く野生シャクヤクをヒントにし、学生とともに耕作放棄地となった棚田を再開墾、シャクヤクを植えていきました。[※3]

高齢化で耕作放棄が進み、八畝の文化景観が荒れていくなか、手入れがかんたんで華やかなシャクヤクを育てる。そのことで、村に誇りを取り戻したいと願ったからです。こうして、八畝再生の活動が始まりました。[※4]

●「語りあい」から生まれた地キビ焼酎の「再発見」

筆者は、二〇一三年から八畝地区の活動に関わっています。そのきっかけは、怒田地区で食べた「地キビ（在来種のトウモロコシ）」でした。四〇〇年前にスペインから伝来したトウモロコシは、日本ではなかなか根付かなかったのですが、四国の山間地では米の代替穀物として重宝されました。そして直播《じかまき》栽培の繰返しにより、現在まで保存されています。

しかしトウモロコシを、「米がとれなかった貧しい時代の象徴」として、否

※2
地域の自然環境や社会環境に根ざした暮らし、生業の蓄積により生まれた景観のこと。地域への愛着や誇りを育むうえで重要な要素である。

※3
八畝地区のある大豊町には絶滅危惧種のベニバナヤマシャクヤクが残り、準絶滅危惧種のヤマシャクヤクの群生地も存在する。浜田講師によると、これらが地元の誇りとなっていることを感じたのがシャクヤク園構想のきっかけとのことである。

※4
八畝の活動は二〇一二年に大谷夫妻をはじめとする八畝地区の住民有志、高知大学農学部（現農林海洋学部）の浜田講師、浜田ゼミ等の学生有志によって開始された。二〇一三年からは任意団体「大豊シャクヤクの会」を設立し、高知大学農林海洋学部学生主体の学生団体MBとともに、八畝の地域再生に取り組んでいる。

定的にとらえる住民が多いのが現状です。独自の食文化であるその地キビに魅了された筆者は、過去にもいくつかの地域で地キビを活用した地域活性化を提案しましたが、受け入れられることはありませんでした。

筆者の浜田講師への相談を契機に、八畝地区での地キビ復興栽培が始まりました。そして同講師や八畝地区に関わる学生とともに、地区の古老数名に地キビ栽培についてのインタビュー調査を行いました。[※5] そこから、地キビを用いた焼酎の自家醸造と、祭礼飲酒の芳醇な文化が見えてきました。

「昔はキビで焼酎も作ったりして、そのカスでどぶろくも作りよったね。酒は神祭で青年団のみんなで飲んで、ほかのむらにも次の日に酒持って遊びに行った。神祭は若い衆の溜まり場だったね。だから、昔はみんなの家それぞれで作っとたんよね」

「竹の筒を使って蒸留水を冷やし、少しずつ取りよったんよ。最初はアルコール分は濃いけど、どんどん薄くなって、薄くなったらそこで終わり。一日で三斗ほどとったよ。一升瓶三〇本。税務署との戦いもあったんよ」

「村に一台蒸留装置があって、集落みんなで使って、できた酒は瓶へ入れて保存した。一斗入る大きさよ。神祭の時にはそれが一晩でなくなるけどね」

「税務署をごまかすためにいろいろみんなで考えたんよ。税務署も賢いから、すっと隠し場所見つけて持って行きよった」

※5　二〇一三年二月～三月、八畝地区に四〇年以上居住する八名の古老にインタビュー調査を行った（半構造化法による）。

学生と住民による地キビ復興栽培

自家醸造と祭礼、飲酒の日々を武勇伝として語る古老の眼は、少年のように生き生きと輝き、そこから記憶を紡ぎだすように農業や林業、炭焼き、川での漁労、ハレの宴会など、かつての豊かな村の暮らしを滔々《とうとう》と語り始めました。※6最後には決まって「あの焼酎、美味しかったなぁ。また飲みたいなぁ」。

ヨソモノと住民との語りあいを通じて、八畝地区の潜在価値である「地キビ焼酎文化」が再発見され、住民の誇りの再生への道筋が見えた瞬間でした。

わたしたちがインタビューや農作業を通じて学生と関わり、地キビや地区の生活文化についての「語りあい」を蓄積するなかで、地区の人々の目線は変容していきました。地キビ畑にやってきては育ち具合いを確認し、「もう少しで取れるがね」「本当は今くらいが美味しいがよ」と声をかけてくるようになったのです。やがて地キビ焼酎の復活醸造が決定されると、地区の方の注目はさらに高まり、「おらんくの土地を使ってくれ」というご厚意もいただくようになりました。

二〇一五年、ついに大谷夫妻と浜田講師、学生たちが中心となって三〇〇本の焼酎を復活醸造させたさいには※7、地区の全世帯に焼酎を配布するとともに、公民館で地キビ焼酎復活の宴を執りおこなうまでに至ったのです。※8

●地域への愛着形成のサイクル

二〇一七年現在、八畝地区では、年間一五〇〇本の焼酎を復興製造しており、

※6
環境心理学の視点に立てば、住民が地キビ焼酎やその周辺の習俗についての「語り」を通じて八畝におけるみずからの「原風景」を再認識した瞬間であるといえよう。呉が第4章2で述べているように、「原風景」を再認識し、「われわれの物語」として住民間で共有することは、地域への愛着を高め、まちづくりを始める大きなエンジンになる。

※7
県下の酒造会社（菊水酒造株式会社）に製造・卸売を委託している。

※8
このような宴は、地域の方の協力に感謝する場であるとともに、住民と学生が互いに愛着をもつ場、住民どうし、住民とヨソモノの「語りあい」の場としても重要である。

地区の潜在的資源を活用した地域再生の挑戦例として、県内外から注目を集めています。[※9] このような地域再生の活動には、地道な継続が欠かせません。核となるのが、移住者として八畝に来た大谷夫妻、そして八畝に魅せられて、週一回のペースで訪問し続ける浜田講師や学生たちの存在です。

二〇一七年三月、学生たちが入れ替わる年度末の送迎会では、「卒業生」たちが涙ながらに、次のようなコメントを残しています。[※10]

「ふるさとから離れて高知に来て居場所がないなかで、八畝があるから、今までやってこられた」「八畝にお客さんに来てもらって、鹿肉や猪肉を食べて美味しいと言ってもらえて、嬉しくて、八畝を大好きになっていることに気づいた」

このような発言を聞くだけで、彼ら彼女らが、八畝での「担い手体験」を通じ、八畝への愛着を形成して、熱烈なサポーターとなっていったことがよく理解できます。

下の図[★1]は、このような外部からの者が、活動の担い手としての参加をとおして地区への愛着を形成し、地区のサポーターとなるプロセスを端的に表しています。

●「サードプレイス」と「準住民」の存在

あわせて、ほかにも大事なことが読み取れます。まず、大谷夫妻のような外

※9
複数の財団から活動助成を受けるとともに、環境省 第三回グッドライフアワード特別賞（二〇一五：大豊シャクヤクの会）、住友生命相互会社YOUNG ACTION大賞（二〇一六：学生団体ＭＢ）などの表彰を受けている。

※10
二〇一七年三月一七日に八畝で行われたＭＢの卒業パーティーでのコメントを抜粋。学生に加えて、大谷夫妻をはじめとした地域の方々やプロジェクト関係者が多く参加した。

★1

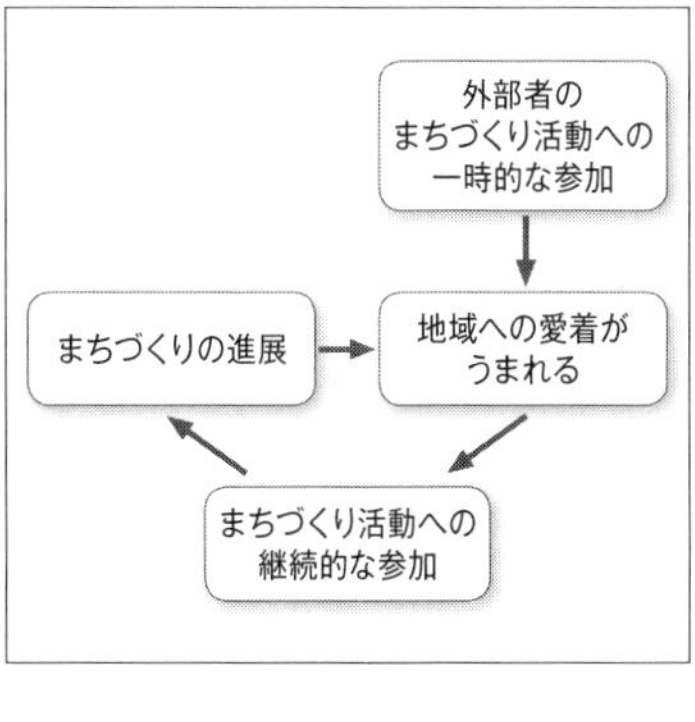

部の者を家族のようにあたたかく迎え、そして地区をヨソモノにとっての安心で安全な「サードプレイス」として位置づける、ホストファミリー的存在の住民がいることです。この点もまた外部の者の「愛着形成」のカギとなるでしょう。

八畝地区のような「限界集落」を維持するには、住民だけでは限界があります。ほかにも、地区に強い愛着を持ち、集落の維持やお祭りの人手や集落を支えるための経済的、消費的支援など、さまざまな形で地区への支援を行う、「準住民」とも言うべきサポーターの存在が不可欠だと思います。たとえば、代替わりしながらも八畝地区の活動を支える学生たちは、地区のもっとも重要なサポーターとなっています。[※11]

そして、サポーターとなった外部の者との「語りあい」によって、住民が地区の潜在的価値に気づき、その結果、地区への誇りを取り戻す機会が継続的に提供されるようになる……このようなサイクルの設計が重要です。

●ヨソモノと住民の「語りあい」をアートで紡ぐ

このような経験を踏まえ、現在八畝地区では、地キビ焼酎「八畝」をコンテンツとして活用しながら、外部の人間を八畝のサポーターとする機会を設けています。そして外部の者と住民が、地区の潜在価値について語りあう機会を戦略的に提供しているのです。具体的には、二〇一五年から、地キビ焼酎を飲みながらのシャクヤクの花見会や、地キビ収穫体験と重ねた野外宴会イベントなど、

※11 八畝地区が位置する東豊永地区は、焼畑をはじめとした希少な文化・習俗があった地域であり、高知大学の多くの学生・教員が交流やボランティア、研究のフィールドとして入っている。八畝地区の谷向こうにある怒田集落では、課外活動を通じて愛着を形成した学生が定住・帰農し、住民と外部のつなぎ手として活躍している。

県内外向けの体験型コミュニティ・ツアーを試行しています。

また二〇一六年からは、コミュニティ・ツアーの縁からある劇団と協働して、八畝の棚田を活用した野外演劇を実施。※12 収穫体験や、野外宴会と組み合わせたプログラムによって、外部からの者を集めるとともに、住民の皆さんに野外演劇を観ていただいています。この劇じたいが、地区への住民の誇りを高める機会として作用しており、「ゆくゆくは演劇の舞台で地区伝統の踊りを披露したい」という声も住民からあがっています。

二〇一七年春のシャクヤク花見のさいには、上述の古老インタビューや学生団体MBの活動を下敷きに、演劇の要素を組み込んだ「むら歩き」と古老との語りあいのイベント「八畝とわたしを巡る演劇むら歩き☆」を実施しました。※13

「演劇むら歩き」では、濃密な「語り」のプロセスを通じて外部者の八畝への愛着が高まるだけでなく、古老自身にとっても「特別な場所、誇るべき場所であ

☆「交流会の食材を忘れた主催者側の内輪もめ」という衝撃の展開（もちろんお芝居）を目撃し、観客は「バーベキューの食材探し」を依頼されて、むらの各所を食材集めに奔走。ヤギ乳をいただきにいったお宅では、ヤギを使った昔の子育てや、山仕事での味噌弁当の美味しさをうかがった。ぜんまい干しのおかあさんはとてもチャーミングで、再会を約束したりして、亡くなった家族を思い出しながら涙される観客も。帰り道のこいのぼりは、新しい生命がみんなの希望となっている象徴（◎次ページ）。

棚田に目をやると、最初は熱心にしろかき作業をしていた学生団体MBの男子が、女の子を巡って恋の鞘当てが始まった。最後は泥んこ相撲で決着をつけることに。ドロップキックも飛び出す死闘を制した男の子が、観客の助けを借りてシャクヤクの花を手に意中の子に告白するも、撃

コミュニティ・ツアー、野外演劇の様子

※12
演劇関係者がシャクヤク花見会に訪れたことがきっかけとなり、高知市の演劇団体であるシアターTACOGURA、おさらい会と協働し、二〇一六年九月に高知県演劇祭の一環として野外演劇「お國と五平」を実施した。

※13
日本における演劇要素を取り入れた地域あるきの先駆事例としては、香川県高松市仏生山温泉の「演劇まちあるき〈パラダイス仏生山〉」などがあげられる。

る」という故郷のとらえ直し、誇りの再生につながる機会にもなりました。

いっぽう演劇むら歩きは、出演しない住民にとっては楽しみにくい点もありました。このため同年秋のイベントでは、地元の方に楽しんでいただくことを第一に、全世帯に声をかけ、コミュニティ・ツアーのお客さんと一緒に楽しんでもらいました。[※14] 料理の作り手としてご活躍いただくとともに、[※15] 二日間あわせて三〇名以上の地元の方や地元出身者の方が観劇し、好評でした。翌二〇一八年五月には、シャクヤクの花見に合わせて地区のお屋敷を借り切り、地元の方向けに時代物のラブストーリーを公演しました。その後は地元の方とツアー客、演劇関係者で八畝を飲みながら大盛り上がりの夜になりました。[※16] このように、住民のニーズに合わせて無理のない形で活動を実施し、住民にも担い手として関わっていただくことで、地域への愛着と誇りを高めていくことが大切だと思います。

さらに、持続的な地域づくりに欠かせない経済活動の要素も、ここでは実践されようとしています。

沈。悲しい笑顔を浮かべた彼は、夕日に向かって坂を駆け上がる。お堂に戻ると村人役の役者が幼なじみからの手紙として、小川未明の「イチョウの葉」を朗読したあと、役者とMBの学生が集まり棚田の風景に向かって「ふるさと」を合唱。その後、ミッション達成の号令とともに、その昔、実際に焼酎を隠していたお堂の陰から高く積まれた地キビ焼酎「八畝」が現れ、歓声とともにジビエBBQと田舎料理の交流会になだれ込んだのでした。

（大槻、二〇一七より引用。原意を損なわない範囲で一部改変）

◎東京からの移住者夫婦の子どもたちは地域の子どもたちとしてかわいがられている。集落に子どもが生まれることは地域継承の可能性の象徴であり、大きな慶事としてとらえられている。

※14
二〇一七年九月には、二日間にわたって、「八畝 Autumn Festa 2017 ―秋は棚田でアートだ―」を実施し、野外演劇二本および収穫体験に加え、野外宴会の席で路上演奏家による即興セッションなどを行った。また県立植物園での地キビ企画展など、本活動をきっかけに地キビを高知県の固有資源として見直す機運が生まれつつある。

※15
コミュニティ・ツアーではかならず地元料理を出している。地元料理を楽しみながら、料理のこと、地区のことを語りあうプロセスが、地元の方、外部者双方の八畝への愛着を高めるために重要だと考えている。

※16
主演女優は、「おかあさんたちに手を握られながら、『面白かった！来年も絶対お願いね！』と言われたのが本当にうれしかった」と述懐している。このような関わりの蓄積を通じて、八畝とヨソモノとの縁が紡がれている。

八畝地区では、少数とはいえ地区の高齢者が地キビの契約栽培を引き受け、年金+アルファの収入を得つつ暮らす仕組みが見えはじめています。そのうえで、ゆくゆくは地キビ焼酎とコミュニティ・ツーリズムを核とした六次産業をつくりあげて、U・Iターン者の誘致につなげたい。そうなれば、独特の魅力的な生活文化と文化的景観を持つ八畝地区が、これからも維持・継承される可能性が見えてくるように思います。

浜田講師や学生・住民の皆さんの尽力により、地キビ焼酎は、大豊町の道の駅だけでなく高知市内の複数の店舗で販売、通販でも人気が出ています。また現在は八畝地区で栽培した地キビ、二条大麦をはじめ一〇〇パーセント高知産の原料で仕込んだ地ウイスキーを開発中です。また八畝での活動のきっかけとなったシャクヤク園も、日本最多品種のシャクヤク園を目ざして、耕作放棄地の開墾とシャクヤクの植え付けが続けられており、初夏にはみごとな花を咲かせています。

道のりは遠いですが、今はようやく、地区再生活動の前提となる「住民の誇りの再生」と「地区への愛着をもつサポーターづくり」の仕掛けづくり、そして住民の経済的基盤づくりについて、方向性が見えてきたように思われます。

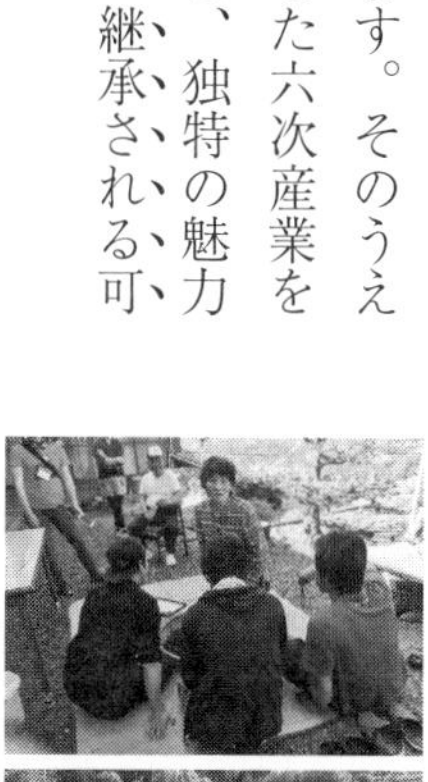

演劇むら歩きの様子

【参考文献】
大槻知史「むらと住民、ヨソモノを紡ぐ「縁劇」―八畝とわたしを巡る演劇むら歩き―」『文化高知』199号　高知市文化振興事業団（二〇一七）

5-5「ワークショップ」の本当の効用　【城月】

●若者の可能性と協働……愛知県長久手市の事例

愛知県長久手市は、四〇年間にわたって、名古屋市のベッドタウンとして発展しつづけてきた日本一若いまちとして、全国的に注目されています。二〇〇五年には、愛・地球博のメイン会場となったことでも有名です。

総人口の平均年齢はなんと三七・七歳、愛知県内でももっとも活力のあるまちの一つと言ってもいいでしょう。市内には四つの大学が存在し、市周辺を含めるとさらに多くの大学が立地しています。このような活力あふれるまちに、課題などあるのかと思われる方も多いかもしれません。

長久手市は、二〇一二年に市制に移行する以前、愛知県愛知郡長久手町として、緑あふれる自然環境の豊かなまちでした。[★1] もともとは田園地帯であり、農業がさかんに行われていた地域です。そこに、この一〇年ほどで急激かつ継続的に新規住民が流入してきた結果、古くからの住民と新規住民とのつながりの断絶、地域コミュニティの再編が、一つの政策課題となってきました。

同時に長久手市は、二〇〇九年度の第五次長久手町総合計画で「農のあるくらし・農のあるまち」を掲げました。「長久手田園バレー構想」を施策のひとつとして位置づけ、新旧住民、年齢や能力を問わず、さまざまな市民が農をきっかけとしてつながる場としての「まちなか農縁」事業を行ってきました。この

★1　一五八四年に豊臣（羽柴）秀吉陣営と織田信雄・徳川家康陣営の間で起こった「小牧・長久手の戦い」の舞台となった場所としても有名です。一九九〇年に総人口が三万一八二一人、総世帯数が一万六八九世帯だったのに対して、二〇一五年には、それぞれ五万四六四四人、二万一九六三世帯とほぼ倍増しています。

まちなか農縁事業に、二〇一五年から筆者の所属する名古屋外国語大学の学生（ゼミ学生）が、参加させていただくことになったのです。

●当初は「協働」からも「農園」からも遠かった

まちなか農縁は、二〇一五年の時点では、当然ながら市の事業として整備が進められようとしている途中にありました。そんななか、幅広いトピックを含むまちづくりを研究する筆者のゼミで、学生の現場経験ができる場を探した結果、ある経緯を経て、長久手市役所のまちなか農縁事業の担当者、成瀬氏と知り合いになりました。そして、筆者の無理なお願いを快く引き受けていただいた成瀬氏の寛大な取り計らいにより、二〇一五年から、名古屋外国語大学の学生がコミュニティガーデンづくりを行うという、奇妙なコラボレーションが進むことになります。

最初は、農業ができるような場所からはほど遠い、草ぼうぼうのただの更地でした。あるのは「まちなか農縁」という看板のみ。もちろん、学生たちが作ったものではありません。この何もない状態から活動が始まりました。

しかしそこは、「瀬戸物」や「常滑焼」で知られる粘土質の土地。単に耕すだけでは無理で、開墾、土づくりからのスタートです。学生たちはテンションをあげるため、黄色、紺色、オレンジ色、背中にゼミのロゴを入れたド派手なツナギに長靴をはき、オシャレな新興住宅街を歩いて活動拠点まで行き、毎週活動を始めていきました。当然、まちでも学内でも好奇の目で見られるようになり、筆者のゼミは「農業ゼミ」として定着？していったのです。しかしこの時点では市役所の認識も、そして実態としても、市役所事業の部分的な「お手伝い」をしているという状態でした。協働というより、市にとっては手のかかるお手伝い学生です。学生の手作業では、まずは全面積の四分の一程度が畑っぽくなっただけ。愛着など誰ももてる場所ではありませんでした。

●現場では楽しく、裏では真剣にバトル

しかし徐々に、学生の意識が変化していきました。「作業」として行っているだけの下請け的活動ではなくて、自分たちで考えて理想の農縁を作りたいという、強い意識が芽生えてきたのです。

学生の発案や市役所の協力もあり、月に一度ゼミ内での合同ミーティングが開始されました。ここで市役所の考え方と、学生の意欲や想いのギャップが顕在化するようになります。市の事業として行う以上、ある程度は市側の考える方向性があり、そのなかではサポーター的に位置づけられる学生。反対に市と対等に協働したいという学生の想い。ときに学生から、ズケズケと非難まじりの意見や質問が職員の方々に向けられたものです（市役所の皆さま、本当に申しわけありません）。

ゼミで市町村の計画体系を学んでいた学生は、まちなか農縁事業について、

まちなか農縁に参加

ビジョンと基本計画、実施計画からなる総合計画を作ることを提案しました。そこから、計画策定のためのワークショップが、市民の方々や関係者の皆さんを含んで行われていくようになりました。学生たちはまちづくりワークショップ運営のためのファシリテーション（合意形成を通して協働を支援する）を本で学び、自分たちがワークショップで実践しながら、合意形成していったのです。

しかし、声に出せない人もいます。そこで学生たちが毎回掲げたルールは、「人の意見を否定しない、個人攻撃は行わない」でした。クリッカーという「匿名」で意見を表明できる機械も、他学部の先生から借りてきました。

そのワークショップで、市役所の方から「もう少しマジメに作業をしよう」という問題提起が出てきました。現場で学生たちは「手数」よりも「口数」が多く、作業が遅くなっていたからです。

これに対する学生の返事のひとつが、じつに意外なものでした。ある女子学生が、「私たちが楽しそうにやっている姿がいいんじゃないですか!!　もしツナギ着て無言でマジメにやってたら、楽しそうだ、自分も参加してみたいなって地域の人が思いますか?」と言ったからです。

この発言は重みを持ちました。たしかに時間が貴重な社会人ですが、楽しそうな学生たちの姿は、「まちづくり」などという概念とは無縁に、人をひきつけていくことになりました。徐々に彼女たちの来るタイミングを理解し、隣接する公園で遊んでいた少年少女が集まりはじめました。一緒にトマトを食べた

楽しそうな姿がだいじ 1

り草を抜いてみたり、農作業とは関係ない鬼ごっこをしたりなど……。現場では、徹底的に楽しむことが大切です、その姿そのものが、場所や活動に住民の目をひきつける重要なメディアになる！

しだいに、種まきや収穫といった農縁にとって重要なタイミングで、市役所、学生たち、そして地域の方々を巻き込んだイベントが開催されるようになりました。最初の更地状態から、ここまでの変化が起きたのです。

●ワークショップの持つ意味……合意形成よりも大切なこと

真剣な議論のかわされるワークショップ、そして楽しみながら実践する農縁づくり。当然ながら、計画や土地利用などの問題に関しては複雑かつデリケートな問題を含み、しばしば議論は白熱しました。「合意形成」ができない、あるいは覆されるという事態は往々にして起こりました。それでもワークショップは続けていきました。

この「初代」まちなか農縁事業の学生たちにも、卒業の時期が訪れます。彼女たちは卒業を見越し、約半年前から活動や役割を徐々に、そして計画的に後輩の学生たちに移行して、それぞれの道に向かって巣立っていきました。

しかし、卒業しても彼女たちの活動は終わってはいません。「気になってグループ（ＳＮＳ）から出ずに、仕事しつつ農縁の活動のこと見てるんです」という、エアライン業界で働く卒業生からの連絡。アメリカの大学院に留学した

楽しそうな姿がだいじ 2

学生は「〇〇州で同じような取り組みの先進的なものを見つけたので、データ送ります」というメール。活動の記憶とともに、このまちなか農縁は、彼女たちにとっての大切な場所として認識されつづけていたのです。

その原因を、まさに心理学的に、学術的に明らかにすることはなかなか困難です。少なくとも、単純な原因・結果という因果関係ではありません。

それでもターニングポイントを推測すると、ワークショップが大きなきっかけの一つになったのではと筆者は考えます。ワークショップでは、さまざまな問題に直面しながら学生たちが創意工夫を重ねていきました。発言しにくい参加者を巻き込むため、クリッカーというデジタルツールを使い、声に出さなくても意見を表明、共有することができるようになりました。

こうした工夫は「自分のコト、自分ゴト」として認識してもらうきっかけになると同時に、そうした人たちの意見が存在する、それを大切にするのだという運営側のメッセージを伝えることにもなったのではないか。さらに参加メンバーの**当事者意識を醸成し**、共有するきっかけとなり、上記のようなつながりを維持することに貢献したのではないか。

学生たちはワークショップで合意形成を目ざしたのですが、じっさいはそのワークショップの積み重ねという行為を通じて、「主体の意識化」★1が図られたのでした。まちづくりでは、ワークショップを通じた合意形成が目的であることも多いのですが、ワークショップの持つ本来の意味は、この主体の意識化にあ

ワークショップでは積み重ねが大切

★1　木下、二〇一三

【参考文献】
木下勇『ワークショップ―住民主体のまちづくりへの方法論』学芸出版社（二〇〇七）

るのではないかと考えられます。

●地元住民と学生との協働を通じた耕作放棄地の再生

次の事例です。同じ長久手市でも古くからの住宅地には、本来は農業を生業として営んでいた、あるいは兼業農家だった世帯が多く存在しています。しかし、規模は年々縮小傾向にあり、現在では長久手市によると、市内におおよそ三〇ヘクタールにおよぶ耕作放棄地が存在していると言われています。それは今後さらに広がっていくことが予想されています。

今回お話しするのは、耕作放棄地周辺に居住を開始した「新住民」の中尾真也氏と、名古屋外国語大学の学生との協働の事例です。筆者と学生たちは、仕事のかたわらでみずからも農業を実践している中尾氏に依頼し、耕作放棄地の再整備に取り組んでいくことになりました。その一からの作業は大変なものでしたが、ここでは詳細は省きます。★1

学生は前項とは違うグループで、三名以外は女子。ほぼ全員がど素人でした。「畝《うね》」をつくる意味も仕方もわからない、そこにかける「マルチ（ビニールシート）」のやり方も、当然ながらわかりませんでした。

ところで、中尾氏がとくに気を配ったのが、掃除です。中尾氏は当初、学生たちに「コワイ人」と思われていました。長靴の泥だらけの学生たちが、畑から作業を終えて着替えなどで中尾氏の自宅に戻るさい、ある小道を通過するの

★1　この取組の開始の背景には、本節で登場する中尾氏、鬼頭氏による、長久手市内での「農」を通した地域づくり活動の大きな実績の積み重ねがあり、この活動に名古屋外国語大学の学生がその後、参加させていただく形を取りました。

長久手市専業兼業別農家数・経営耕地面積

（出典：「平成29年度ながくての統計」）

専業兼業別農家数　各年2月1日現在

	総戸数	自給的	販売		
			専業	第1種兼業	第2種兼業
平成 7年	425	193	232	16	11	205
12	412	228	184	17	8	159
17	417	282	135	20	13	102
22	421	296	125	10	30	85
27	359	260	99	32	14	53

注　農家とは経営耕地面積が10a 以上の農業を営む世帯

資料：農林業センサス

経営耕地面積　各年2月1日現在　単位：a

	総数	田	畑	樹園地
平成 7年	18,167	13,634	3,239	1,294
12	17,806	12,978	3,664	1,164
17	10,108	7,188	1,634	1,286
22	10,800	8,400	2,100	300
27	6,400	4,000	2,100	300

注　平成17年から自給的農家を含まない。

資料：農林業センサス

ですが、その道をていねいに竹ぼうきで掃除することを学生に求めたのです。どうせすぐに土や落ち葉や草で汚れるであろう道を、なぜここまで念入りに掃除するのかと筆者が考えるうちに、気づきました。

現に居住している中尾氏ですら、「信頼関係」あるいは「社会関係資本？」がまだこの地域の中で形成されていない、その途上にあるのだと理解したのです。まさに、新旧住民のあいだにみえない断絶が存在していたわけです。

その断絶は、内集団である中尾氏と学生たちのあいだにも、いくらか存在しました。学生たちの畑へのルートはやや遠回りする道を指定されましたが、それは近隣の農家のプライバシーをそこなう可能性、そして家族の居場所をヨソモノが横切るという心理的な不安感があったからと推測されます。

●「お膳立て」された協働は他人事になる

こうして微妙な協働によって進んでいった活動も、二年目以降、徐々に畑が開墾されて作物が育っていきました。そこに中尾氏の膨大なご尽力があったことはもちろん、学生たちなりの努力もありました。

この年間を通じた活動は、ゼミのエクステンション活動であり、成績にはなんの関係もない活動です。とくに日の長い春夏シーズンは毎週金曜日の夕方から、冬の日が落ちる時間が早い時期は土曜日の午前に活動を行っています。ほかの多くの学生がバイトや遊びに出かけていくなかで、長靴とツナギを抱えて

耕作放棄地の再整備！

畑まで向かいます。土曜日には、授業もないのに片道二時間以上もかけて来る学生も複数います。

さらに夏休みなど長期休暇中は、定期券もなく、移動の長時間とばかにならない交通費がかかります。筆者は、この活動の当初から今に至るまで、そうしたことで悩みと心苦しさを感じてきました。方法的に、学生たちの交通費を工面することができる可能性はあったからです。

しかし、あえて「援助」は避けてきました。交通費が出るから行く（なければ行かない）という「お膳立て学外教育プログラム」として実施すればどうなるか。学生たちは、ゼミの教員が準備して、費用も面倒を見てくれる課外活動に「参加」する。そんな大学内の「学生対教員」という関係性を引きずったまま、単に外に出るだけになると考えたのが一つの理由です。一方的に教員やその他のオトナから学ぶという関係の固定化は、現場に出るという意味、自発的な学びの機会を逃してしまうと考えたのです。

もう一つは、学生たちが自由に使える時間を使って活動しているという認識を、自分自身で実感してほしかったからです。時間・交通費・体力などと畑活動を、学生たちは天秤にかけます。単に指示されたことだけをやる単純作業であれば、行く意味を感じなくなるだろうと考えました。じっさい、モチベーションを下げた学生もいました。参加人数が激減する期間もありました。SNSではバトルも起こりました。県外から、長距離を乗り継いで毎週来る学生への負担が目立つようにもなりました。

しかし、そのころから状況は変わっていきます。他者のことを考えるという姿勢が芽生えてくるようになったのです。本当の意味で仲間のこと、そして日常生活をやりくりして協働してくださる中尾氏のことを考えるようになっていたのでした。

また、どうせやるなら自分たちも考える、楽しんでやろうという機運も生まれるようになりました。畑帰りのランチも定番化していくようになりました。ときには、採れたての大根をバッグに差し込んでショッピングセンターでランチという光景もみられました。

一概に断定はできませんが、これが「教育・教員」対「学生」、もしくは「畑の管理者・農業を教えてくれる市民（中尾氏）」対「学生」という垂直的な関係、それにもとづいたワク組みのもとでのみ行われていたら、いつまでたっても「自分ゴト」にならず、他人ゴトだった可能性があると思います。

●ＮＰＯ活動と「新しい血」

活動も三年が経過した二〇一七年に入り、耕作放棄地の再生活動を専門的に行うＮＰＯ法人化を、筆者と中尾氏とで議論するようになったのです。法人の概要、事業目的、社員、法人化までの書類作りなど、膨大な作業が必要で、たびたび打ち合わせも行っていくことになりました。ここで筆者のとった方針は、オトナの事情も含めて、できるだけすべてのプロセスをオープンにすること、そしてその過程に、数名の学生の代表者を参加させることでした。

通常の大学業務の繁忙さはもちろんありましたが、やはりオトナ間で決まったことを学生に伝達するのでは、上意下達式、それこそ垂直的関係性を作ってしまう、それでは自分ゴト化してきたプロセスが無意味になると考えたからでもありました。

このNPO法人は、将来の目標としては、長久手市を中心に耕作放棄地として放置されている土地を、地域特性に応じてリノベーションし、コミュニティガーデンとして再生させようとするものです。法人は、現在の中尾氏隣地の農地だけでなく、先の事例「まちなか農縁」も一括して手がけることを計画していました。まちなか農縁では、空いた土地を使って自分たちで買った苗や種を仕込む学生が現れるようになりました。中尾氏の畑でも、畑で流しそうめんをしたり、焼き芋を作ったりなど、畑作業とは別の滞在時間が延びていくようになり、念願の作業小屋も手作業で作っていったのでした。

NPO法人化を見据えるなかで、かねてから中尾氏と活動をともにされてきた鬼頭氏が、頼りない学生を見かねて実働の面でも助けてくださるようになりました。鬼頭さんは、農業関連の業務にも携われてきた元行政マンです。孫世代の学生との協働はどうなるのか、正直読めませんでした。しかし現実には、鬼頭氏の存在は学生には「カワイイ」という認識らしく、手より口が先に動くと言っていいほど畑作業が盛り上がっていきました。四〇歳はゆうに年齢差のあるもの同士、みごとなコミュニケーションが成り立っていったのです。

二〇一七年の末、時差がかなりあるヨーロッパ旅行から前日帰ってきたばかりの鬼頭氏が、畑に来てくれました。時差は若者でもつらいものです。それでも「仕事（畑作業としては）はないと思ったけど、ちょっと来てみた」。そして、学生たちといつもどおりの雑談をしたのでした。

この事実が強く示唆していると思われるのは、本書のキーワードである、「場所への愛着」「サードプレイス」といった、場所にまつわる概念についてのある思いです。当たり前ながら、しばしばそれらを学術的に操作可能な概念として扱おうとするあまり、つい研究者が見過ごしがちな事実です。

鬼頭氏はリタイアされたとはいえ、いまも多忙な男性です。その氏が、忙しい合間を縫って畑に来てくれるのです。この場所を好きと考えている、もしくは、一つのサードプレイスになっている可能性が高いと推測されます。でもそれは、この農作業の空間、あるいは地理的空間としての「畑」かといえば、おそらくそうではないでしょう。畑、そして、そこで行う活動、自身の役割（NPO法人では監事）、仲間としての学生や中尾氏の存在と、そこでのコミュニケーション、そうした「統合的な場所での体験」こそが、この場所への愛着を形成していると考えられます。

こうした心理を帰納的、要素分解的にとらえても、あまり意味がないように思われます。そこで発せられる一つ一つのコミュニケーション、笑い、この男性への学生が発する冗談など、意図してデザインすることはできるわけがありません。

●垂直の関係から水平の関係へ

とすれば、この事例が本書にもたらしてくれる示唆とは何か。

一つ目は、ありきたりですが、空間的、社会関係的な居場所の重要性です。この事例では、学生と一市民との協働から始まり、NPO法人の設立までいきました。そこで参加者にとっての居場所が生まれました。ある学生は「畑作業は大変なときもあるけど、畑に来て作業したあと気持ちがすっきりする」と言います。畑作業の達成感はもちろんですが、この場所が、参加する人にとっての特別な場所になっていると考えられます。

二つ目は、多様な属性をもつヨソモノが接することによる「自己のリセットと関係性の再構築」についてです。本節の冒頭に、学生と中尾氏、そして筆者との「垂直的関係性」を避けようとしたと述べました。これは第一義的には、硬直的で受動的な参加となることを筆者が避けたかったからです。しかし、結果的にはそれだけではなかったのです。

学生にとって最初は「コワイ人」だった中尾氏。職場の管理職でもあることから、いいオトナの「大学生」であるにもかかわらず作業が遅い、必要なことを自分で考えることができない若者たちに、ごく当たり前な指導をすることもありました。当然です。しかし、しだいに学生から「中尾さん、優しくなったよね」という声が聞かれるようになってきました。ただし、これは、学生の活動の限界を見かねて歩調を合わせていただいている部分も多分にあり、かならずしも全てが、「ヨソ者」の存在による水平的関係性を肯定的に捉えるものではありません。中尾氏による忍耐と妥協による部分も多くありました。

　農業と行政出身の大先輩、鬼頭さんの存在もひじょうに大きいものがありました。農業においては実務的にも実作業的にも先輩です。ときには「中尾くん、それより○○したほうがいいよ」というような修正指示も入ります。またNPO法人化の作業にあたっては、全員シロウトという立場にリセットもされました。教える側と教えられる側という**垂直**的関係性が、**水平**に近づいていったのです。

　これらのことは、先の鬼頭氏も同じではないかと思われます。家庭、地域、これまでの行政マンとしての役割など、何重もの役割期待をまとっています。しかし畑にくれば、農業の先輩ではあるものの「カワイイ」と思われている学生たちとの雑談、冗談の言い合いなど、まるで友人関係のようなコミュニケーションが成立します。学生たちも、そうした関係を楽しみ、擬似的なおじいちゃん的存在として位置づけています。

　この畑で作業するその瞬間、学生でもなければ教員でもない、父親でもなく、夫でも管理職でもない、新しい自分が存在し、それぞれの新しい自分たちが、ふだんの役割を離れて新しい関係性を再構築している、そう筆者は観察してきました。畑の作業のあと気持ちがすっきりするという学生の発言の意味は、この「自己のリセットと関係性の再構築」にあるのではないか。

すでにこの本のあちこちで、「ヨソモノ」がだいじなキーワードとして登場しています。だとしたら、このヨソモノを、単なる地域外の人間あるいは集団外の存在として考えるのではなく、できるだけ多様性に満ちた形にすることが重要ではないでしょうか。その意味で、食と強く結びつく農業は、多様な能力をもつ人が多様なコミットの仕方で関与できる、まちづくりの有用なツールといえるはずです。

最後に、冒頭の小道のことに少しだけ触れたいと思います。とても気を使って掃除してきた小道ですが、このごろはその道に面したお家のおじいさんから、「ご苦労さま、今日もありがとうねー」と言葉をかけていただくようになりました。また同じ土地で野菜を作っておられる主婦の方から、「何を作ってるの？」などとお声がけいただくことも多くなりました。

小さいけれど、ヨソモノにとっては大きな変化です。

5-6 防災とまちづくり心理学　【大槻】

●「あきらめ感」と「見ないふり」にどう対処するか

ケーススタディの最後に、日本では欠かすことのできない「防災とまちづくり」という視点について、やはり高知の例をとりあげてみましょう。

三〇年以内に七〇～八〇パーセントの確率で南海トラフ地震の被災が想定され[※1]る高知県では、行政の「公助」だけでなく、住民がみずから防災に備える「自助」、地域で支えあう「共助」の仕組みをどうつくるかが課題です。

しかし、取り組みはかならずしもうまく進んでいません。市民一人一人には「いつも」の暮らしがあり、仕事や家事、子育てなどに時間や手間、お金を費やしながら日々を生きているからです。いっぽう、政府が発表する被災想定は非常に深刻で、自分たちが「いつも」の暮らしを支えながらそんな「もしも」のために備えることなど、とてもできないように思います。

東日本大震災後、高知ではとくに高齢者のあいだに「どうせ助からない」「地震が来たときは自分たちが死ぬときだ」というあきらめ感が漂っています。大切な子どもを守る必要があり、災害時には支えあいの中心になるはずの子育て世代・勤労世代は、「たぶん大丈夫（だろう）」という見ないふりと、「もし地震が起きたらどうしよう」という不安のあいだで揺れ動きながら、備えのきっかけを持てずに日々を過ごしています。その結果、ネット掲示板の「予言」が子どもたちを中心に広がって、沿岸部のホテルが休止するなどのパニック状況が起きる[※2]いっぽう、揺れから身を守る家具転倒対策や家庭での備蓄は、なかなか普及していきません。

もちろん防災に熱心な方はたくさんいて、地域でがんばっておられるのです

※1
政府地震調査推進本部（二〇一八）、『活断層及び海溝型地震の長期評価結果一覧（二〇一八年一月一日での算定）』による

※2
筆者息子の習い事の場でもデマが広がっており、「いよいよ明日だな」「生きろよ！」などの会話が交わされていた。筆者はデマの背景に、潜在的な震災への不安と、近しい人を助けたいとする支えあいの姿勢を見出している。非科学的態度として問題にするのではなく、このような不安や支えあいの姿勢を、どのようにじっさいの備えにつなげるかの検討が必要だと考えている。詳細は「一七日に南海トラフ地震」デマに高知県内の小中学生も動揺｜高知新聞二〇一六・五・一八を参照のこと。

が、地域全体があきらめ感と見ないふりに支配されているなか、活動すればするほど温度差が広がり、疲弊するという悪循環が起きているようです。また、沿岸部の若い世代を中心に、リスクの高い地元に見切りをつけて内陸に移住する動きも出ています。

住民の生命を守り地域を存続させるため、地域への愛着を持ちつつ「海と生きる作法」を継承することが、課題となっているのです。※3

●「いつも」の暮らしに「もしも」の備えを重ねる

このような状況を変えるべく、筆者はふだんの暮らしに災害への備えを無理なく組み込もうという「いつも防災」※4の考え方を提唱しています。そのベースとなるのが、図にあるようなFAICE[2]という原則です。

①防災で大切なのは、心や感情で対策の必要性に気づき、じっさいの備えにつなげること。そのためには「知る」→「気づく」→「備える」という一連の流れを組み込んで防災活動を設計する必要があります（Flow）。

「いつも防災」の原則 "FAICE[2]（フェイス）"

Flow（一連の流れで）	「備え」の達成から逆算して、「知る」「気づく」「備える」の一連の流れで設計する。
Attachment（地域愛を育みながら）	地区のリスクだけでなく、魅力にも焦点をあて、地区への愛情や誇りを育む機会にする。
Imagination（想像させる機会を提供するように）	市民に「災害時の実際」の状況や感情を想像させる機会にする。
Combined（ふだんの活動と組み合わせて）	地区のふだんの活動（お祭り等）や、市民の毎日の暮らしの課題（子どもの安全、家計の節約等）と組み合わせる形で、防災活動を展開する。
Easy & Enjoyable（楽しくカンタンに）	いろんな市民、とくに子どもや若い世代に楽しく、参加しやすい活動にする。また活動の担い手が大きな負担なく取り組める活動にする。

※3
防災力の向上と地区への愛着強化は、災害リスクの高い地区の地域継承の両輪であり、防災教育の主眼の一つにもなりつつある。また災害後の地域継承を見すえた、事前復興プランづくりも行われている（徳島県美波町、高知市下知地区の例）いっぽうで、地域への愛着や居住継続が（暗黙の）強制となり、移住希望者への翻意の強制や排除に向かう可能性も考えられる。まちづくりを行なうさいに、愛着形成により住民の凝集性を高めることは重要であるが、地域と個人との関わり方には多様性があること、個人の自由な選択のほうが優先されることには、留意が必要である（まちづくりは北風でなく太陽でなければならない）。

※4
阪神・淡路大震災や、東日本大震災の被災経験を踏まえて、日常生活のなかに防災の備えを組みこむ考え方を、多くの研究者や実践者が提示している。神戸の防災NPOであるNPO法人プラス・アーツでは、地震ITSUMOプロジェクトと題して、書籍「地震イツモノート」の出版や、無印良品との

②防災活動でその地区への恐れだけが高まると、愛着の低下→人の流出→防災活動の停滞の悪循環に陥ります。長期的スパンで防災を考えると、地区の魅力を発見し、語りあい、愛着や誇りを高める視点が大切です（Attachment）。

③災害時に自分や大切な人がどうなるのか、状況と感情を具体的に想像してもらうことで、災害対処の必要性に気づき、また、具体的な対策のポイントが見つかります（Imagination）。

④先述のように、防災に大きなお金や手間をかける活動ができる市民、地域はそう多くはありません。ですから、自宅の備蓄は節約のための買いだめと重ね合わせる、高齢者向けサロンで防災ポーチの手作り会をする、地区のお祭りと防災訓練を組み合わせるなど、「もしも」の活動である防災活動を、できるかぎり「いつも」の暮らしや地域の活動に重ね合わせます[※5]（Combined）。

⑤そのうえで、いろんな住民にとって楽しく気軽に参加でき、担い手にとっても負担感の少ない活動にすることで、防災活動を持続的に行うことができます（Easy & Enjoyable）。

また、災害時に大切な住民間のつながりをつくる視点からも、「いつも防災」の考え方は大切です。東日本大震災や熊本地震の被災地では、地域のつながりの薄い地域では初期対応、復旧、復興の全てのプロセスで、大きな混乱が生まれました。これに対して、ふだんからつながりの強い地域では、臨機応変に助

コラボレーションした展覧会『地震ITSUMO＋無印良品』などを実施している。また、埼玉県はNPO法人プラス・アーツの協力により、幅広いイツモ防災事業を実施している。筆者の提唱概念もほぼ同様であるが、着想の経緯が別であり、またひらがなの「いつも防災」を用いて高知県内で取り組みを進めているため、ここではその語を用いている。

※5
たとえば徳島県美波町由岐地区では、毎年高台に避難して宴会をする「避難まつり」が行なわれている。また、高知市浦戸地区では毎年、避難高台での花見を行なっている。このような活動は、避難場所の周知や避難場所での環境整備に役立つだけでなく、防災「活動疲れ」（第2章3参照）をふせぎ、住民のつながりづくりや、地区への愛着強化にもつながっている。

けあえた地区が多かったのです。

東日本大震災で福島県内最大の大規模避難所「ビッグパレットふくしま避難所」を運営された福島大学の天野和彦先生は「災害は地域の抜き打ち試験」だとして、災害対応における地域のつながりの重要性を提起されています。

都会はもちろん、田舎でも、人口減少や高齢化、都市生活様式の広まりによって地域のつながりは弱まり、愛着も低下する傾向にあります。地域での防災活動を切り口に、住民個人や地域の防災力を高めつつ、「いつも」の地域活動を活性化させ、「もしも」の災害時に大切な地域のつながりと地域への愛着を同時に底上げする。それが住民や地域の防災力をより高める資源となる。このような正のサイクルづくりを目ざし、筆者は地域での防災に取り組んでいます。

●防災コミュニティガーデン「耕活プロジェクト」

「高知大学防災すけっと隊」は、筆者が顧問となっている防災サークルです。近年は防災教育に加えて、地域の防災力向上のためのさまざまな活動を行い、数多くの賞を受賞しています。[※6] ここでは、代表的な活動である防災コミュニティガーデン「耕活プロジェクト」を、学生自身の言葉で紹介します。（文責：高知大学防災すけっと隊、大槻）

①想い：自分たちは地域に対して行動を起こさなくてもよいのだろうか？

防災すけっと隊は、近い将来かならず来るとされる南海トラフ地震に対し、

※6
二〇一六年度防災まちづくり大賞（日本防火・防災協会賞）、二〇一七年ぼうさい甲子園・だいじょうぶ賞を受賞。

大学生が防災の力になれないかという想いから、二〇〇八年一一月に発足しました。小中学生や高校生に向けての防災授業を中心に活動してきましたが、このまま授業だけやっていてよいのか。地域に対して行動を起こさなくてもよいのだろうかと疑問に思いはじめました。

そこでまず、自分たちで地域に入り、さまざまな人とお話をしました。感じたのは、「町内会」はどこの地区にもだいたいあって、役員さんたちはいるけれど、周りの地域住民とのあいだに関心の温度差がある、周りの住民はあまり積極的に町内会に参加できていない、ということでした。だからこそ、地域の方たちがふだん関わってコミュニティを活性化していく何かが必要ではないのかと考えました。さらに、いくら防災の啓発活動をやっても「備蓄」が全体に浸透せず、活動に限界があることも感じていました。

②経緯：耕活プロジェクトを始めたきっかけ？

岩ヶ淵地区は大学から自転車で一五分ほど行ったところにある、一〇四世帯二五四名が暮らす地区。[※7] 地形や周囲を山や川に囲まれており、災害時は土砂災害や、川の増水などで道が寸断され、思うように避難できないことが予測されています。お年寄りが多く、体の不自由な方が多いこと、避難場所は遠く離れた高校で、そこも被災者でいっぱいになってしまう可能性があることから、ほとんどの世帯が在宅避難[※8]を余儀なくされることが想定されています。

さらに、岩ヶ淵地区はオールド・ニュータウンのため、もともと近所づきあ

※7
平成二七年度国勢調査による。

※8
避難所でなく自宅で災害後の避難生活を送ること。

いは希薄で、災害時の助けあいに必要な地域のつながりづくりも課題です。しかも現在は農業を営む人は減っており、いざというとき物資配給があるまで、なかなか食糧にありつけない。それならば、農業を営みながら地域住民の交流も深かった昔に戻っていけばよいのではないか。そう考えて、現代に合った形の農業で、防災をやってみることにしました。

二〇一四年一二月、所有者の方の協力を得て、地域の方とともに数年間使用されていなかった耕作放棄地を耕し、「耕活プロジェクト」を始めました。

③理由：なぜ農業が「地域コミュニティの活性化」につながるの？

耕活プロジェクトは、すけっと隊だけではなく、定期的に「コミュニティカフェ」と名づけた地域の人との交流の場を設けています。他にも苗の植え付けをするなどのイベントを行い、農地の管理や草抜きもできるだけ地域の方にもお願いをしています。そんな場を設けることで、気軽に立ち寄れる場所を提供しつつ、すけっと隊と地域の方とのつながり、あまり会う機会がない地域の方同士のつながりも深め、地域コミュニティの活性化を目ざすわけです。

●活動例から（詳細は高知大学防災すけっと隊の耕活 blog を参照※9）

二〇一五年三月二一日、耕活プロジェクト初の収穫祭&コミュニティカフェ。地域の方も招き三〇名ほど参加。雑炊《ぞうすい》を作っているあいだ、防災すけっと隊顧問の大槻先生による講演。防災袋の作り方などを紹介。青空教室のような雰囲

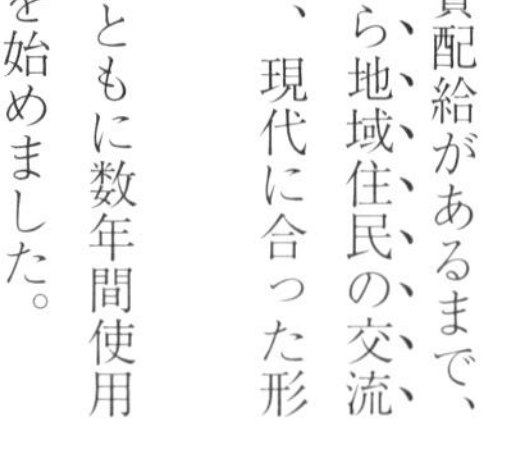

青空の下で防災ミニ講義

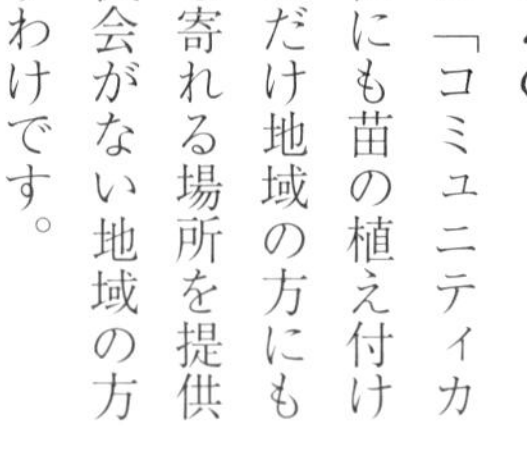

たくさん収穫できました

※9 耕作プロジェクトの活動は、高知大学防災すけっと隊が運営する耕活プロジェクト blog（http://blog.livedoor.jp/koukatu_d_suketto/）で公開している。また活動全体については、公式 facebook（https://www.facebook.com/bousaisukettotai/）で公開している。

気で、地区の方との距離も近いものでした。

二〇一五年九月二七日、お月見カフェ。夏休み最後の耕活カフェ。昼過ぎには雨も上がり、絶好のお月見日和になりました。すけっと隊の誰よりも早く地区の方が飾りつけしてくださいました。「お月見なんてするのは初めてやけど、こうやってみんなでお月さま見ながらおしゃべりするのもえいねえ」「いつもみんなとしゃべる場を作ってくれてありがとうね」[※10]と言っていただいたのが印象的。地域コミュニティ活性化を図るこの耕活カフェの意義が再確認できました。

二〇一五年一〇月二四日、念願の「サツマイモ備蓄」。岩ヶ淵地域の方だけでなく、耕活プロジェクトを支えてくださった方々が集合。立派なサツマイモが収穫できたばかりか、『備蓄』もできました。農地に大きな穴を掘り、そこにサツマイモが腐らないようにわらを敷き、その上にサツマイモをおいて土中に埋めた。本プロジェクトの目的の一つである長期備蓄を目ざします。

二〇一七年七月二一日、耕活新聞第二〇号を作成。岩ヶ淵地区のおよそ一〇〇世帯に配布し、地域の方と情報を共有。活動に興味を持っていただくため、月に一回ほどのペースで作成しています。今回も、記事のデザインは一年生。

二〇一七年一一月〇七日　コミュニティカフェでベンチ作り。

学生と地域の方とで農地に集まり、農地に新しい「ベンチづくり」。きちんとしたベンチを作るためには、朝倉地区にお住いの元設計士・佐伯さんにご指

力を合わせてさつまいもの収穫です！

できたての焼きいもをみんなでパクリ！

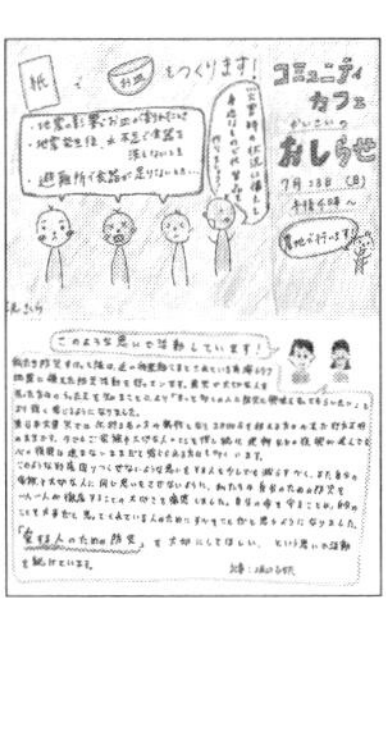

学生手づくりの耕活新聞。毎回楽しみにしている方も

導とご協力をいただきました。すけっと隊が大変お世話になっている方です。
地域の方からは「ちょうどいい高さで座りやすい」「背もたれがあるからゆったりできる」「たまに座りに来たいね」「早い者勝ちやね～」。この日は、今まで活動に参加していなかった方が足を運んでくださいました。コミュニティが少しずつ広がっている証拠のように感じます。

●「まちづくり心理学」から見たプロジェクトの整理

「耕活プロジェクト」では、農業を通じて多様な世代が集まり、自然とコミュニケーションを取ることができます。定期的なコミュニティカフェでは、さらなる交流の機会を提供しています。災害備蓄のために始まった本プロジェクトは、「いつも」の暮らしのなかで地域のつながりを高める「コミュニティガーデン」とみなすことができます。

さらにコミュニティカフェの活動を利用し、ゆるやかな防災ワークショップの場を設定することで、自主防災組織の設立や、地区住民の家具固定の実施（防災すけっと隊が支援）、農地の防災拠点化など、「もしも」のための住民や地区の防災の備えにうまくつなげています。

プロジェクトにおいて学生は、ときには地域の方に頼り、ときには地域の方がみずからの特技を活かす機会を提供することで、農地が「住民同士が集まり、憩う場」となるためのファシリテーター兼・触媒役を果たしています。また、

※10（前頁）農地を住民たちのサードプレイス（第4章3を参照）としてより魅力的にするために、学生たちは工夫をこらして毎回さまざまな活動を行っており、このような感想は学生にとってのモチベーションになっている。

たくさんの支援者がプロジェクトを支えてくださいます

地域の方がふらりと立ち寄れる環境整備も行っています。この点で、本活動は外部者の支援により、地区に居心地の良いサードプレイスを創りだし、地域への愛着を高める活動といえるでしょう。

いっぽうで学生サークルの活動であり、継続性のリスクはあります。災害時のことを考えても、今後はより地域の方が主導する形でプロジェクトを回していく必要があります。学生もそれを理解しており、地域の方がより手軽に作業に関わったり、ふだんから楽しんだりできるよう花壇を増やすなどを行っています。農地を住民のサードプレイスとしてさらに浸透させ、より多様な住民の参加をうながし、地域の側からプロジェクトの担い手を見つけだすことを目ざしているのです。

ベンチに座ってハイ、ポーズ!!

●学校と地域をつなげる「カツオの焼けるかまどベンチ」

最大予想津波高、三四・四メートルの黒潮町をはじめ、津波リスクの高い高知県西部の幡多《はた》地区。二〇一五年より、地元の建設業者でつくる四万十市の中村地区建設協同組合が、避難後の住民を寒さや飢えから守るため、建設業の技術を活かして小中学校に「かまどベンチ」を寄贈しています。[※11]

かまどベンチは、災害時には炊き出しかまどになるベンチのこと。大都市圏の公園などで普及していますが、じっさいに使われる機会はほとんどありません。災害の混乱時にかまどベンチが使われるには、地域の方々が日常から慣れ

※11 東日本大震災では、避難後の劣悪な環境などにより、三千人以上が生命を落とした。高知県でも南海トラフ地震の後には多くの地区で孤立の可能性があり、助かった生命をつなぐ仕組みづくりが課題となっている。

親しみ、使い方を熟知している必要があります。どうしたら「おらがむらのかまどベンチ」として使ってもらえるのか。頭を悩ませていたときに、寄贈先の校長先生にいただいたアイデアが〝カツオの焼けるかまどベンチ〟でした。

最初の寄贈先である黒潮町三浦小学校区は、海の恵みとともに暮らしてきた集落です。稲わらを燃やして豪快に焼き上げるカツオのわら焼きたたきは、住民の心意気の象徴として、地区のおきゃく（宴会）でもよく登場します。

「毎年恒例の三世代交流会で、カツオが焼けたら地域の方も喜ぶし、ふだんから使うきっかけになると思うよ」と校長先生。

できあがったかまどベンチは、学校行事や地域行事で使われ、子どもからお年寄りまで盛り上がっているようです。漁港や漁村集落をもつ地区への愛着を感じつつ、楽しみながら避難後の生活について考えるきっかけにもなっていると思われます。

●特別支援校の防災への挑戦

二〇一八年七月現在、組合が寄贈したかまどベンチは四基。そのほか、無料公開した設計図で独自にかまどベンチを作った事例も三件あります[※12]。その一つが、高知市立特別支援校の事例です。

特別支援校には、多様な特性を持ち、配慮が必要な子どもたちが通っています。彼らにとって、大切な居場所である「学校」は、災害時に地域住民のため

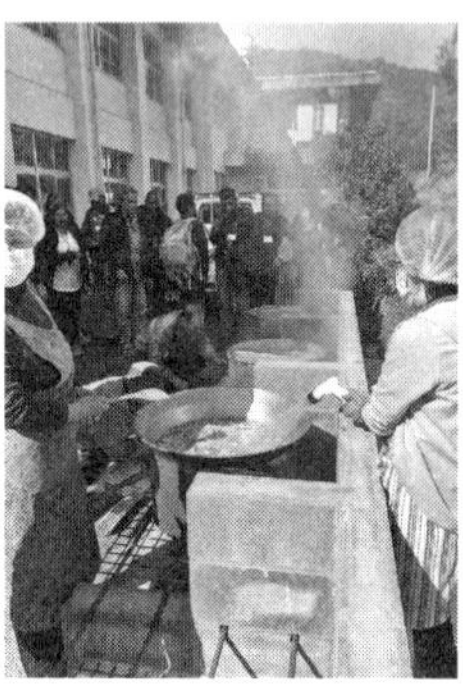

高知県下に普及しつつあるかまどベンチ。ＪＩＣＡの防災研修員も視察しました

※12
二〇一八年度中には、さらに二基のかまどベンチが設置され、計一〇基となる予定。

の避難所にもなります。東日本大震災時は、さまざまな特性を持つ子どもたちが避難所で受け入れられず、排除された事例も多くありました。[※13] 災害時に彼らを孤立させず、また避難所運営にも向けて、地域と学校が理解しあうためのきっかけとして導入されたのが、中村地区建設協同組合が設計したかまどベンチでした。

かまどベンチは、地元工務店のサポートを受けながら子どもたちで組み立てました。年一回の防災訓練では、子どもたちと地域住民が「同じ釜の炊き出し」を食べたあと、子どもたち出題の防災クイズで仲を深めます。また年に数回行われる学校開放イベントでも、かまどベンチがさまざまに使われているようです。

学校を地域に開放することで、子どもたちは地域の方々に慣れ親しむようになりました。また住民の側も、子どもたちと親密になる機会を通じて、「特別支援校の子ども」というラベリングを外し、彼らの特性を肯定的にとらえながら、彼らのできること、支援が必要なことを体感的に理解できます。

このような地域の方の理解とつながりは、災害時に孤立・疎外されがちな彼らの生命と尊厳を守る大きな砦になります。小さな漁村で産声をあげた「カツオの焼けるかまどベンチ」の取り組みは、学校と地域をつなぐいろり端として静かに広がっているのです。

※13
過去の災害では、障がいのある方や外国人、一人暮らしの高齢者など、ふだんから地域社会のなかで孤立しがちな方が避難所から排除される事例や、必要な支援にアクセスできない事例が多くみられた。

第6章……まちづくり実践へのエッセンス

6―1 まちづくりへの視点をまとめる【呉】

●新たな関係づくり・場づくり・活動づくり

第5章では、著者たちがそれぞれ関わってきた、群馬県、高知県、愛知県のいろいろな地域・地区での、地域づくり活動の例をいくつか紹介してきました。この第6章では、これらの事例のふり返りから生み出されてきた、地域づくりにおける視点をまとめてみたいと思います。

日本全国的には、さまざまなスタイルの地域づくり活動があると思いますが、第5章で紹介されているのは大都会や中心市街地などではなく、地方都市の郊外や農村を舞台に実施されている事例として位置づけられます。

前橋では、前橋市各地区の全体の流れのなか、すでに住民が主体となって動いている地区のキーパーソンによる語りを中心に、住民側の視点が多めに紹介されています。高知県の異なる地域の例は、ヨソモノの大学生が関わることで、住民と協同で地元の素材から商品化していくプロセスが紹介されています。

愛知県でも、ヨソモノとしての学生が主体になり、地域活動をとおして接点を広げていく様子が紹介されています。最後はふたたび高知県で、地域づくりに「防災」というキー概念がつながった活動が紹介されました。

個々の事例から、それぞれの異なる視点・技法(ノウハウ)が用いられていると思いますが、いずれも家庭、会社・大学ではない、地域においての新たな関係づくり・場づくり・活動づくりという共通点があると言えます。

●地域への愛着を示す要素とは

地域への愛着に関する鈴木・藤井の研究では[★1]、「地域風土」への接触量、つまり触れるチャンスが多いほど、その地域が好きになると述べられています。

この研究での「地域風土」の内容は、きわめて具体的なものです。地域の人々との多くの接触の機会が含まれる、道端の花、鳥の声、公園、寺、神社などなど……。なかでもとくに、歴史・伝統・宗教性をたたえた風土は、地域への愛着とより深く関係していました。その地域に歴史や伝統、宗教性を表す場所があると、まちづくりにおいて活用しやすいかもしれない、ということを示唆しているのです。

また「物理的環境に対する評価」、具体的には地域の景観、歴史的風景、医療施設、特産物などが、やはり地域への愛着が高い結果を示すという研究もあります[★2]。

ただし同時に、注目しなければならないデータがあります。それは住民との交流、イベント、住民の人柄、治安などの「社会的環境に対する評価」が高いほど、場所への愛着により大きな影響を与えているということです。

★1 二〇〇八a,二〇〇八b(参考文献)

★2 引地・青木・大渕 二〇〇九(参考文献)

つまり、社会的環境に対する評価のほうが、物理的な環境への評価よりも、場所愛着に影響しているというわけです。この結果から、地域でのイベント、小規模の住民参加プロジェクト、住民の歴史学習、地域の表彰制度などには、地域への愛着を高める可能性があることがわかります。

そのほかの要素もあります。「便利地区」であるほど、[★1] 地域について知っているほど、[★2] 地域との関わりが深いほど、また居住歴が長いほど、[★3] 住民はより愛着を感じやすい、その土地が好きだということが示されています。以上のような事実は、日常の経験から考えても、一般的な傾向としてすぐうなずけることでしょう。

そして現在では、日本全国の多くの地方が、共通した問題点を抱えています。人口減少、少子高齢化にともなういろいろな状況、ライフスタイルの多様化による伝統的なスタイルの衰退などなど……。

そのなかでのまちづくり、地域づくりの活動には、いうまでもなく多様な側面があります。まちづくりとは、そもそも完全な自治会活動そのままでもなく、完全な個人的な趣味生活でもなく、もちろん完全な職業でもありません。

あらためて定義するならば、**「まちづくり」は自発的な半義務と個人的趣味のあいだで、「地域」という共通項をもとに住民同士で調節しながら、ともに生きやすい地域を目ざす活動だ**といえます。そして、おのずと地域のなかで一人一人にとってのサードプレイスができ、居場所になっていくのでしょう。

★1　たとえば、重根・山本 二〇一二（参考文献）
★2　園田・木本 二〇〇八（参考文献）
★3　たとえば、佐野 二〇〇五、奥田・呉・大森 二〇一六（参考文献）

●市民主体地域づくり活動から浮かびあがった視点

前橋の話で書いたとおり、筆者は、群馬県前橋市の住民と行政（市）の協力で進めている地域づくり活動に、いうなれば「弱い」関わり方で斜めから加わってきました。その実践活動のなかで何度も確認することになった視点をいくつか紹介してきましたが、さらに第5章で紹介されている事例も含めて、ここで新たにまとめてみましょう。

◎1. 地域の再発見：「ない」から「ある」へ発想転換し、それを地域の人々と共有する

地域づくり活動をしようとする各地区・地域ごとの面積、人口構成や特性などは、もちろん異なります。そのようななかで、問題を抱えている点に関連しながら、「ない」ものから「ある」ものへ発想転換する活動が多くありました。この「ない」から「ある」へ発想転換がうまくできているところでは、地域づくり活動がある程度成功へ導かれていると思います。いくつかの地区、地域の例を示してみましょう。本書で紹介された以外の事例も含まれます。

①農業従事者が「ない」

農業が廃れ、休耕地だけが増えているなかで、「農業従事者が〈ない〉」を、「活用できる土地が〈ある〉」に発想転換した。具体的には、土地所有者や他の住民との協議を経て、地域の子どもたちをも巻き込んだ、古代米づくりなど農・食育の活動が行われた（前橋市上川淵地区）。高知や愛知の「栽培」「農縁」活動を手がかりに展開される活動も、同じ流れとしてとらえることができる（大豊町八畝地区、愛知県長久手市)。

②「特別な名勝地」がない、「特別なもの」ではない

観光地としてみなされる名勝地はないが、庭を持つ一軒屋の多い農村地区があった。その庭の花が見ごろになる時期に、個人の庭を「オープンガーデン」として地域の人々に公開し、交流を図った活動がある。「地域花マップ」を作り、どの時期にどの家の花が見ごろであるかを、公民館などで情報公開して更新している(前橋市清里地区)。地域のおばあさんが集まって作る豆腐は、平凡すぎて人に出す以前のもので、まったく特別ではない。そんな状態から、ほかの豆腐とは違う特別な「ふわふわとうふ」に。「ない」から「ある」へ発想が転換された例(四万十市の西土佐地区)。

③地区に唯一あった伝統的な建造物は、私有地のなかだった

このケースでは、所有者と協議をしたうえ、地域に住むファミリーを対象に見学会を主催した。地域の歴史を知る住民の解説を聞きながら、ファミリーウォーキングの開催。それをきっかけに、前橋市にある別の歴史的な場所を定期的に見学するウォーキングを実施している(前橋市桂萱地区)。

④町・地区が再編・統合され、まだ全体のつながり感が十分でない

もとの町も大事にしつつ、全体としてつながるための活動として、もとの町の特性を生かしたマスコットを作った。そのデザインを活用したクッキーづくりと販売を、地区内にある養護学校との協力も得て行っている。またマスコッ

トのＴシャツを作り、住民が着たり販売したりする活動でつながりを生んでいる（前橋市みやぎ地区）。

以上の例にあらわれた具体的な「物づくり・物のデザイン」（古代米づくり、地キビ栽培、マスコットのクッキーや、Ｔシャツづくりなど）は、じつは同時に、すべて**人々の交流を作りだす**という意味での、「事づくり・事のデザイン」でもあります。

史跡めぐり、ファミリーウォーキング、オープンガーデン訪問や、大学生たちが開催したコミュニティガーデンでのイベントなどは、それじたい「事づくり・事のデザイン」です。これらの活動は、全体的にはコミュニティづくり・コミュニティ・デザインにつながっていると言えるでしょう。

◎2.「何をする？」と「誰がする？／できる？」をセットに考える

まちづくり、地域づくり活動のなかにかならずといっていいほど登場してくるコンテンツがあります。「講演会」や「勉強会」を開いたり、住民どうしで地域の課題や魅力について考える「ワークショップ」などを行ったりすることです。これらは、じっさいよく見られるし、たしかに必要なことでもあります。

しかし、そのあとの具体的な活動を考えていくときに、ある問題が生じがちです。やるべき理想的な目標や課題を設定しても、人がいない場合が多いということです。だから「何をするのか」という課題を考えるさい、地域のなかで

「誰がするのか」を、かならずセットにして議論する必要があります。

◎3.「やりたい」ことを先に考え、そのなかで「やるべきこと」を考える

まちづくり・地域づくりという言葉は、もともと上からの要求や指示ではなく、住民たちの自発的な動きを強調していることを忘れてはならないはずです。しかし、たとえばある会議システムが作られたりすると、「やるべきこと」がどんどん大きくなっていく場合があり、あたかも従来のトップダウン方式のような様相を呈することも出てきてしまいます。

そうではなくて、可能なかぎり、構成員それぞれが「やりたいこと」「ほしいこと」を考え出し、その賛同者を集めて行うことが、スムーズに実現し、長く維持される条件だと思われます。「手より口が動いている」大学生たちに、市役所の方から「まじめにやりましょう」という役割優先の視点が出たことに対して、「楽しくやっているほうがいいんじゃないですか」と答えた大学生の答えの発想にもつながりそうです。

◎4. 内部の視点と外部の視点の交流で、「新しい発見」「活動の承認」「モチベーションの維持」につなげる

他者を見ることで自分というものを再認識するのと同じように、集団外の人々との協働、他の地区や他市・他県と交流をするなかで、新たなアイデアが生ま

れたり、自分たちの活動へのさらなる意味づけができたりするものです。

地域住民のなかでも、他の地から移動・移住してきた人々、つまり「外部の目を持つ人々＝ヨソモノ」の意見を参照することも、たいへん有用です。長く地域に住んでいた人には当たり前すぎて見えない部分を、再発見できるかもしれません。意外に、自分たちだけでは気づいていないその土地のよさが発見できたりします。

じっさい前橋市でも、地域・地区間の交流を行ったり、他市や他県に出かけたり、あるいは前橋へ呼び入れたりして交流を図るなか、継続的な広がりを獲得し、活動しています。ほかの事例でも、ヨソモノとの協働がたくさん紹介されていました。限界集落の高知県・大豊町八畝地区で行われたヨソモノによるインタビューが原風景語りになったり、そこから地域の人々が共有する地域の誇りの再生、物の再生につながっていましたし、「ふわふわとうふ」もヨソモノの目、外部の目から発見され、意味づけられました。

◎5. 人づくりとは、「何かをやりたい人」と「その活動ができる場」をつなげることだ

地域に愛着を持って自発的に関わる「キーパーソン」の役割には、ひじょうに大きいものがあります。前橋市の地域づくり活動をまとめた記録[★1]を見ると、活動の問題点としてあがるなかでもっとも多いのは、「人」でした。若い人の不足、あるいは地域づくり活動の担い手が固定しつつあること、さらに、活動

★1 呉・奥田・大森 二〇一六、二〇一七（参考文献）

が安定した段階になるとマンネリ化してきていることが報告されています。

しかしもちろん、「人がない」というのは、かならずしもその地域に「人口がない」という意味ではありません。

A「何かをやりたい人はいるが、それが実現できる場を見つけていない」

B「何かを必要とする場に、それをやってくれる人がいない」

このAとB二つの状態を「人材がいない状態」ととらえたうえで、AとBをつなげることがまず「人づくり」である、という視点が必要です。

前橋市では、この発想にもとづいて、「地区にとらわれない若者会議」を立ち上げました。そのゆるやかな運営の仕方は、「会議全体で何かやることを決めることはしない」「各自、賛同者を得ながらやりたいことをやる」「地域への情報発信と、地域・地区との交流を、無理のない範囲でしていく」という形です。結果的に、地区ごとの活動とは別の軸で「若者たちの活動」が多様化し、地区の活動ともつながりが広がりつつあります。

◎6. 活動するから問題が見えている。それをポジティブに位置づける

さまざまな活動や会議のなかで、「○○が問題だ」という意見を聞くことは多いようです。しかしそれは問題があるから悪いのではなく、「活動をするから問題点も見えていること」なのです。よりよい方向を探している、という意味でもあります。「活動をせず、問題も見えない」のとは本質的に異なる次元

だということを、忘れてはならないと思います。

防災と関連した活動の紹介にも触れられている「あきらめ感」と「見ないふり」のままが続くほうが、むしろ問題であるわけです。何かをやり続けるなかで見えてくる問題は、改善に向けて動いているということにもなります。

◎7. 地域は「つくる」ものではなく、それぞれの望みが実現されて「つくられていく」ものだ

まちづくりの組織が編成され、地域で会議が始まると、「地域のために何かをしなければならない」という義務感のようなものが、先走りしやすい面も出てきます。

そうではなく、まちに暮らしながら「各々がやりたいこと」を「実現する」ことによって、そのまちはだんだんつくられていく、という視点を持つ姿勢が大事だと思います。つまり、「あるべき」という理想論や「なすべき」という当為論に走らず、振り回されず、まちに関わる人々や、その地域の身の丈に合った活動を見出さなければならないでしょう。

◎8. 「見ているだけ」→「他人ごと・下請け的な参加」→「自分ごと」への変化ができる場・環境の設定も重要

うまく動いている地域づくり活動の参加者たちは、最初は「見ているだけ」

から、やがて「他人ごと」の立場での下請け的な活動、そしてだんだん「自分ごと」に変わっていく様子が見られます。

前橋市の地域づくり活動も、最初は行政からの呼びかけで、住民が動員されて大学との協力のもと、講演会やワークショップから始まりました。もちろん、最初は他人ごとのようにとらえられるばあいもあったと思いますが、だんだん地区ごとに地域の住民が考え、企画し、動くようになっています。ほかにも、それこそヨソモノの大学生たちが下請け的な作業の状態から、最後には卒業後も関わるようになる「自分ごと」への変化がありました。

その背景には、誰かが作ってくれたなかに入るだけではなく、計画段階から自分の声を持って入ることができるという「場」の設定なども重要だと思います。前橋地域づくり連絡会議で、声の高い人だけが発言するのではなく、全地区の意見をていねいに確認することも、このような環境を作ることに重要な役割をしていると思います。愛知の学生の、クリッカーというマシンの導入もいいアイデアでした。

◎9. 個々人の希望を満たしながらの「安定」と「変化・流動」のコラボレーションが大切

住民がより中心的に行っている活動であれ、大学生や移住民のヨソモノがより中心的な活動をしているばあいであれ、地域で繰り広げられている活動は、「安定的なルーティンの生活」と「新たな風を入れつづける」ことの交流によっ

【参考文献】
呉宣児・奥田雄一郎・大森昭生　共愛学園ブックレットⅨ　前橋市の地域づくり事典―「家に住む」から「地域に住む」へ―　上毛新聞社（二〇一七）
呉宣児・奥田雄一郎・大森昭生　前橋市地域づくり事典　共愛学園前橋国際大学「地（知）の拠点整備事業（COC）」研究チーム　報告書（二〇一六）

て、さらに意味のある実践活動になっていると思います。もちろん、地域づくり活動としてうまく動いているからといって、いつも集団優先ありきではありません。じつは個々人の希望が実現されている範囲で、集団的にもうまく動いているのでしょう。

　したがって、地域のために個々人が多大な犠牲になったり、ある集団のためにべつの集団が一方的に犠牲になったりすると、まちづくりは成り立たちません。ヨソモノとして大学が手伝いに入ったからといって、大学生は手伝いばかり、また住民は援助ばかり受けているわけではなく、そのなかで、むしろ住民側が学びの場を提供し、大学生も新たな学びを得ているという「コラボ」の意味も大きいわけです。参加者全員にとって、何らかの意味ある役割と、その交流・交換が可能になることが、活動の持続のためには欠かすことのできない点だと思います。

　以上、おもに本書で取りあげた事例をもとに、浮かびあがった地域づくりにおける視点をまとめてみました。これらの点を意識しつつ、地域に住んでいる人々が部外者・ヨソモノとも協力しつつ活動していく、そして仲間のサークルを広げながら自分も新しくなっていく、そうしたなかで、そのまちにさらに愛着をもてるような人が増えていくだろうと考えています。

奥田雄一郎・呉宣児・大森昭生　群馬県前橋市における地域認識と地域への愛着（１）－定量的データ分析－　共愛学園前橋国際大学論集16、１４５－１５６（二〇一六）

重根美香・山本俊哉　居住区の安全性・利便性と地域への愛着との関係について－市川市の防犯まちづくりモデル地区における比較分析－　日本建築学会大会学術講演概要集（東海）２１３－２１４（二〇一二）

鈴木春菜・藤井聡　「地域風土」への移動途上接触が「地域愛着」に及ぼす影響に関する研究　土木学会論集D、64(２)、１７９－１８９（二〇〇八ａ）

鈴木春菜・藤井聡　土木計画研究論文集25(２)、３５７－３６２（二〇〇八ｂ）

園田美保・木本圭一　地域に関わる授業と受講学生の地域への愛着及びまちイメージについて　人間環境学会誌（MERA Journal）21、41（二〇〇八）

引地博之・青木俊明・大渕憲一　地域に対する愛着の形成機構－物理的環境と社会的環境の影響－　土木学会論文集D、65(２)、１０１－１１０（二〇〇九）

6-2 まちづくりのダイナミズム 【園田】

●まちづくり実践を整理してみる

ここでは、あらためてこの本全体を通して見えてきたまちづくりのアプローチ構造を、私たちなりに整理し、まとめてみたいと思います。

外部者の視点と内部者の視点という点では、いくつかの事例で出てきた「ヨソモノ」という言葉や、「内部の視点と外部の視点の交流」という言葉で述べてきました。また、まちづくりの事例において、「まちへの愛着」という視点から見ても、**境目にあたる出来事や「場」**があるように考えられます。愛着に気づいたり、共有し、育てたりするポイントです。

①「高知県四万十市のふわふわとうふ」では、

・学生の受け入れ活動（住民と学生）

・豆腐工房での豆腐づくりと週に二回の食事会（住民〈と学生〉）

②「高知県大豊町の地きび焼酎」では、

・インタビュー（住民と教員）

・宴会の場（住民と教員・学生）

・コミュニティ・ツアーの食事会（住民と教員・学生、演劇関係者、観客）

・ホストファミリー大谷さんの家（住民と教員・学生）

③「愛知県長久手市の耕作放棄地再生」では、
・耕作放棄地の開墾（学生と住民）
・コミュニティ・カフェ（住民と学生）
・耕作活動（住民と学生）

これらは、「まちについて話しましょう」とか「愛着を共有しましょう」「まちへの思いを話しましょう」というような、まちづくりや、地域への愛着に気づいたり、深めたりする目的で始められたものではありません。ですが、何らかの活動をしながら語りあう場になっています。「ながら語り」で、一人一人がまちへの愛着に気づいたり（個人での認知）、仲間内でその愛着を共有（内集団の共有）することがなされています。

もちろん、ながら語りが、単なるおしゃべりになることもあるでしょう。しかしここに、何らかの意味づけができるアンテナをはれる（ファシリテーターと呼ばれるような）人がいることで、愛着に気づいたり、共有することが促されます。まちづくりにおいては、そのような人が必要でもあります。

●マトリックスをつくる

これらの気づきを、私たちは縦軸と横軸に整理してみました。

◎【縦軸】「誰が」おもに進めているか

一つ目の次元として、第5章でとりあげた事例と合わせると、まちづくりに「誰が」おもに関わっている活動か、というところで分類できるのではないかと私たちは考えました。たとえば「住民」主体で行われているまちづくり活動。都市計画設計者。行政。その地域に住まない大学生などの「外部者」が中心に関わっている活動。その中間に当たるような「外部者・住民協働」で関わっている活動など、さまざまな「誰」が存在します。

◎【横軸】「誰の愛着にどのように」働きかけるか

二つ目の次元として、「誰の愛着にどのように」働きかける活動（もしくは出来事）か、というところで分類できるのではないかと考えました。

たとえば、個人の「愛着に気づく」ような働きかけの活動（愛着の**個人での認知**）、仲間内で「愛着を磨く・育てる」ような働きかけ（**内集団での共有**）、「愛着で人をつなぐ・巻き込む」ような働きかけ（**外集団との共有**）といった分類です。

内集団というのは社会心理学の用語で、「自分が所属している集団（グループ）」のことを指します。外集団とは、それ以外の集団のことを指します。自分の家族という内集団に対して、お隣の家族は外集団になりますが、ご近所さんという内集団にはお隣の家族は含まれ、その場合の外集団は、ご近所とはいえないまちの人たちということになります。同じまちや近所に住んでいるからといって、内集団であるとは一概には言えず、同じまちにも、目的や意見や行動や規範が似たような内集団が複数存在し、またそのあり方は場合によって流動的でもあります。

一人の人間は、たくさんの内集団に属しています。

●まちづくり活動をあてはめてみると

さて、先に紹介した二つの次元を、縦軸と横軸に組み合わせて、第5章で紹介した事例で見てみましょう。

前橋市の地域づくりにおける実践から。「竪穴式住居づくり」は、最初「住民と大学生の協力」から始まったと、第5章の2で紹介しました。現在では、小学校の校庭に地域住民が作り授業との関連性を持たせているとのことです。「住民中心」へ変化した事例です。小学校に竪穴式住居を作りあげる過程で、子どもたちや先生方といった小学校「内集団」、もしくは校区という「内集団」で愛着を育て、共有することが期待できます。そのような現在の取り組みをこのマトリックスに位置づけるとすると、下図6－1の(1)のように位置づけられると考えます。

また、同じく第5章で紹介されていた「ファミリーウォーキング」は、やはり「住民中心」で企画され、暮らしと健康というテーマが基にあります。そのうえで、いろいろな所を見ることでまちについて知

外部者中心			
外部者・住民協働			
住民中心	(2) ファミリーウォーキング	(1) 竪穴式住居	(3) 荒砥川自然満喫会
	愛着に気づく（個人での認知）	愛着を磨く・育てる（内集団での共有）	愛着で人をつなぐ・巻き込む（外集団との共有）

図6－1 前橋市の地域づくり

り、「愛着に気づく（個人での認知）」が期待でき、おしゃべりしながら歩くことで「内集団での共有」をうながすような働きかけであると考えます。図6－1の⑵のように、二つの枠に重なるような位置にあると考えます。

「荒砥川自然満喫会」は、やはり「住民中心」で企画・実施され、地域内で「愛着を磨く・育てる（内集団での共有）」とともに、おそらく地域内でもまちづくり活動に積極的でなかった人々や、地域外の参加者も訪れ、「愛着で人をつなぐ・巻き込む（外集団との共有）」ことができていたのではないかと思います。その点から、図6－1の⑶のように、二つの枠にわたるような位置づけができると考えます。

次に「高知県四万十市のふわふわとうふ」です。最初にふわふわとうふの特別なおいしさに気づいたのはヨソモノである大学生、教員でした。その反応を得て、きっとおばあさんたちは、それまで自覚していなかった、自分たちの地域の仲間と風土に愛着があること、誇れることに進んでいったように思います（図6－2の⑴）。

外部者の視点が、おばあさんたち一人一人の愛着への気づきをうながし、協働で試食会出店（図6－2の⑵）、大学祭への出店（同⑶）というプロセスをとおして、おばあさんたちにはさらなる愛着の「内集団での共有」が行われたのではないでしょうか。そして、ふわふわとうふを作っていたおばあさんたちだけ

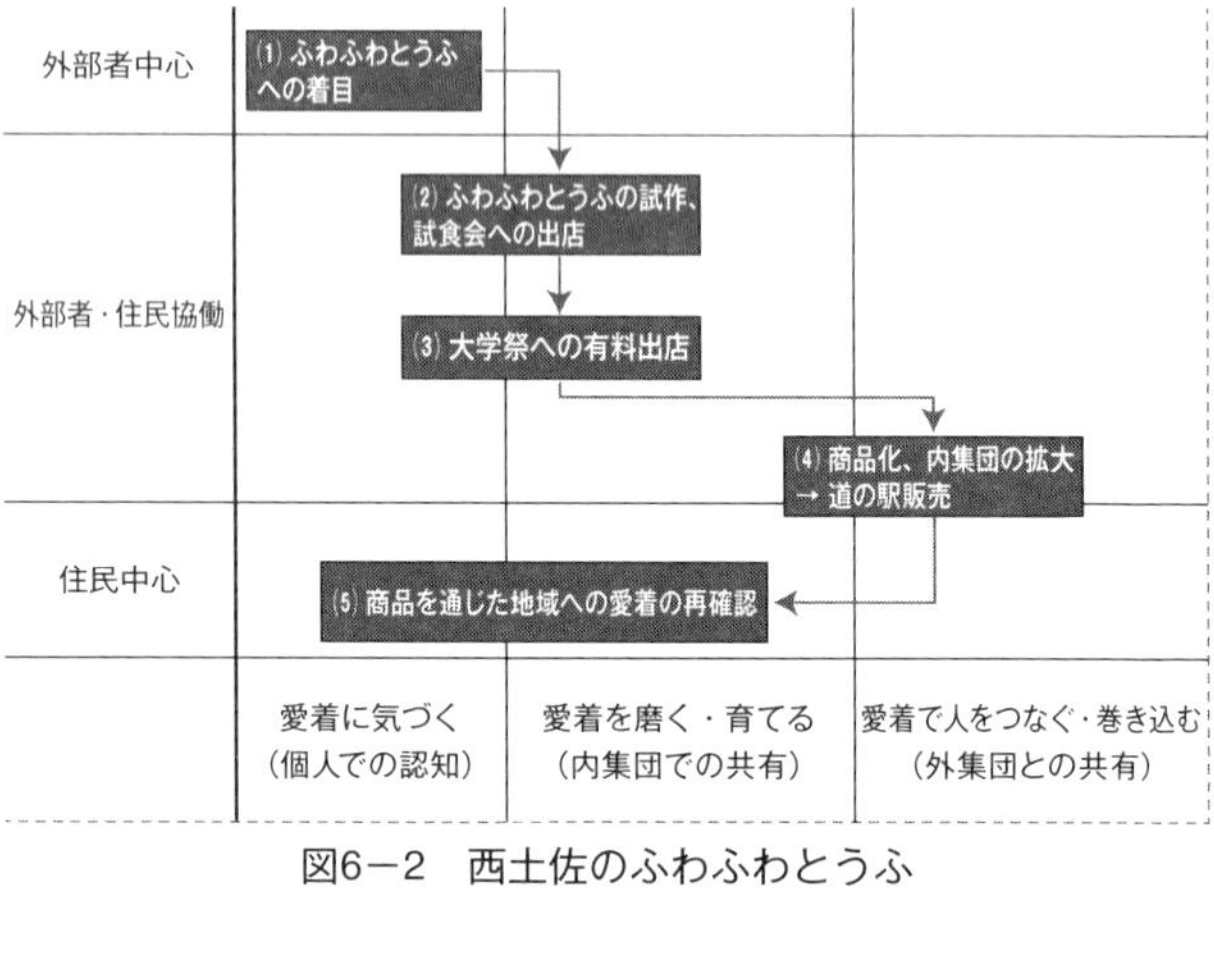

図6－2　西土佐のふわふわとうふ

でなく、その家族や地域の人たちが広く愛着を共有できる「内集団」となり、つまりは内集団が拡大し、さらには道の駅での販売など、地域外の人たちにもなじんでもらえるような「愛着で人をつなぐ・巻き込む（外集団との共有）」が行われていったと考えられます（図6－2の(4)）。

おそらく、そのことでもおばあさん一人ひとりの個人の地域への愛着、おばあさんたちで共有された地域への愛着が強まったのではないでしょうか（図6－2の(5)）。なお縦軸でみると、その後の活動はおばあさんたちの手で行われ、住民中心の活動へと移行しています。

●まちづくりは生きている

ここまで、まちづくりの実践例を整理し、分類する試みを行ってきました。図6－1では、限られた情報しか入手できなかったこともあり、異なるまちづくり活動を一つ一つ位置づけました。しかしじっさいには、前橋市では一〇年ほど前に講演会などを行い、以前は外からの影響を受けていたという経緯もあります。

いっぽう、図6－2では、時系列とともに、このマトリックスでの位置づけも移動しています。何かしらのきっかけとなる出来事やイベントなどが、これらのマトリックス上を、行きつ戻りつしています。これこそが、じつはまちづくりを考えるうえで重要なことだと思います。

ここで紹介した「まちづくりの分類と整理」のマトリックスにおいては、どこの部分に位置するものがもっとも良い、ということはありません。もちろん、どこからどこへ移行するのが良いなどという、直線的な良し悪しがあるわけでもないのです。むしろこの、行きつ戻りつすることじたいが、継続可能なまちづくりではないかということです。

第5章での視点の一つに「**活動するから問題が見えている。それをポジティブに位置づける**」**ということもとりあげました。活動を続けるからこそ、次の働きかけや仕掛けが、具体的なアイデアとして浮かんでもくるわけです。**

まちづくりは生きている。それが基本だと考えると、状況やタイミングにより、方向性や予定を変えられる**融通性**があることが大切だと思います。それが、まちづくりを行うために必要な条件だと考えられます。

●境目がネライメ——違いが生みだすダイナミクスを中心に——

まちづくりは、現状をより良く変化させること。しかし何が「より良い」状態なのか、「もっとも良いのか」というのは、そのまちによってまったく異なり、絶対的な状態というのはないはずです。

この本のはじめから、すべてのまちに適用可能なまちづくりの手法はないと書いてきました。しかしそのなかでも、何かしら戦略的な手がかりをつかみたいというのが、私たちの「まちづくり心理学」のもくろみです。さまざまな問題を「自分ゴト化」し、かつ、住民じたいが幸福感を感じられるためのまちづくり。そのためには、マトリックスの縦軸や横軸の**境目をねらう**ことを本書ではオススメしたいと思います。

いいかえるなら、住民発のまちづくりであっても、外部者発のまちづくりであっても、他者（住民個人にとっての近所の人びと、住民にとっての外部者、外部者にとっての住民など）と居あわせる場を意図的につくることが大切なのではないか、ということです。そのなかで（ときに葛藤しつつも）たがいの価値観の異質性を理解して、差異を楽しみ、共感を喜びあう機会を創りだす。さらにそのなかで、みずからと相手の地域への愛着を発見し、共有していくことが、まちづくり活動を前に進めるコツだと私たちは考えています。

本書で取りあげた事例は一部にすぎません。全国のまちづくりの実践例を取りあげたわけでもなく、代表的な例でもないと思います。ですから、先に整理したようなマトリックスが、すべてのまちやまちづくりにあてはまるとはいえません。

ですが、ようやくこの地点にはたどり着いたと感じています。つまり、心理学的な視点から「まちづくり」を考えて、「誰が」という人の問題、「人と地域との心理的な結びつき」にどのように働きかけるかという問題から、まちづくりを見て、体験して、私たちが語りあった結果、現時点でこのような提案ができるのではないかと……。

正直なところ、この提案は、研究レベルでいう実証性に欠けてはいます。ある程度、私たちが専門的な知恵や知識を出しあいながら探りだした仮説、つまり一つの考え方の段階です。

それでも、住んでいる人や利用する人、訪れる人や関係する人々、これから関係してほしい人々にとって大事な場所となれるようなまちでありたい。まちづくりが、直接的にそんな愛着を作るわけではないけれども、それによって気づいたり、共有しやすくする仕掛けづくりはできると、私たちは考えています。そのさい、先にあげたマトリックスの境目をねらうという視点を、再度オススメしておきましょう。

ここまで読んでくださった皆さんには、ぜひいちど、自分が関わった、もしくは関わろうとする、始めてみようと思うまちづくりに、これらの視点を含めてもらい、むしろ私たちに教えてもらいたいと願っています。

おわりに……まちへの愛着が未来をつくる

本書の構想は、冒頭で述べたように、筆者の記憶では二〇〇七年ごろまでさかのぼります。筆者が、まちづくりにおける住民心理の問題に漠然と関心を持ち始めたのは、大学二年生在籍のころ。その意味でいえば、通算すると二〇年ほど前からということになるでしょうか。

筆者は、島根県のとある田舎町で生まれ育ちました。家の周囲には清流が、そして裏には山や畑が広がっています。なのに、二〇〇メートルも歩けば商店が立ち並んでいました。旅館が数軒、花屋さん、呉服屋さん、洋品店に本屋さん、駄菓子屋さん、鮮魚店、薬屋さんも二軒、酒屋さんなどなど。

田舎なのですが、活き活きとした「街」という認識を子どもながらに持っていました。じっさいその地域は、江戸時代は地理的には「浜田藩」に含まれる土地柄でした。しかし近隣に銅山が存在していたこと、また中国地方三大牛市場の拠点として栄えていたため、幕府直轄の天領として代官屋敷が置かれていたのです。中国山地の山間にもかかわらず、多くの人々が往来した、そうした余韻をかつては残していたのです。

大好きだった祖母に連れられて、本当にたくさんのことを話しながら、この商店街によく出かけました。心臓が弱かった祖母にとって、わずか二〇〇メートルの距離もとくに暑い夏などには大変な道のりでした。商店街の入口にあるアーケードのすぐ下、神社の鳥居のまえでよく休憩したことを鮮明に憶えています。その祖母も、八四歳で亡くなりました。

当時はまさにまちづくりの機運が高まる一九九〇年代なのですが、街も変化していくのを感じました。高齢の商店主が亡くなったり、廃業したりしていくなかで、一つまた一つとお店が閉じられ、空き地か駐車場、一般家屋などに変わっていったのです（いまも営業しているお店は数えるほどです）。

このことが、高校生、そして大学生になっても自分には受け入れられませんでした、今もなお。なぜなら大好きだった祖母との記憶、一緒に過ごし、育ててもらったその事実を証明してくれる場所が物理的に消える、それは、祖母の存在が本当の意味で失われてしまうように思えたからです。言葉にはしにくいにせよ、それは自分自身にとって一種の〝死活問題〟でした。

こうした想いがくすぶったまま、筆者がいま在籍する名古屋外国語大学に学生として在籍し、二年目になろうとするころ、幸運にもこの想いを言語化する機会に恵まれました。当時のゼミナールの指導教員であり、現在は筆者所属の学部長である奥田隆男教授にご指導いただくなかで、「君は、アイデンティティの問題を扱おうとしているんだよ」という言葉が、心にぐさりと突き刺さりました。

先生のアドバイスをいただき、最初に手にとったのは、E・H・エリクソンの『自我同一性―アイデンティティとライフ・サイクル』（一九七三）という本でした。自我同一性、もしくは自己同一性と訳される「Identity」という概念。まさに商店街衰退の話は、自分自身の自己同一性に大きく関わっているのだと直感しました。商店街の衰退によって感じていたよくわからない心の不安感、それを描写する言語を手に入れたと感じた瞬間でした。

しだいに、筆者の体験は、自身に特有の問題なのかどうか？　そう考えるようになりました。同じように、商店街でないにせよ、生まれ育ったまちや場所が消えてしまったり変化してしまったりすることは、大げさに言えばわれわれのアイデンティティ、ひいては生き方そのものに暗い影を落とすのではないか。その後、奥田先生も似たような体験をお持ちであることがわかり、筆者自身の体験が、特異なものではないことを確信させてくれました。

それ以来、筆者の人生上の四つの暴走がはじまります。

一つ目は、大学での研究生活の大半を、まちとアイデンティティの問題に捧げたこと。今となっては本当に恥ずかしいかぎり、悪いお手本なので怒られそうですが、自分の研究テーマに「だけ」異常にこだわり続けました。奥田先生のご指導のもと、本を紹介していただいたり、図書館や、学外の都市計画関連の書籍を専門的に置く図書館に通いました。勉強をしている意識はまったくなく、ただ好きだっただけです。

しかし都市計画、まちづくりと名のつく本を調べてはみるものの、アイデンティティの問題を書いた書籍は見つかりませんでした。ましてや「場所への愛着」などといったコトバすら、どこにも書いていなかったのです。

第二の暴走がはじまります。「そんなことを考えている、考えようとしている学者も行政も世の中にはいない。自分だけだ！」、誇大妄想そのものです。これを研究するために大学院に行こう、そう決めたのです。大学のカリキュラムには、まったく存在しない「政策」を研究しようと考えました。

奥田先生のまっとうなご意見にさからう形で、しかも無理やりお願いしてご指導いただき、おかげで第一希望の大学院に合格することができました。

そこで、第二の大きな出会いがありました。大学院時代の指導教員、鐘ヶ江秀彦教授にお会いできたのです。工学博士でもあり、計画理論を専門とされる鐘ヶ江先生の研究室は、完全な理系研究室。そのころ最先端のサーバー、コンピュータが何台も設置されて、文系大学卒の筆者にとっては異次元空間そのものでした。

鐘ヶ江先生がつねづね研究室のメンバーに言われたことは、「過去ではなく未来を扱え」という言葉。そして筆者には「お前のやろうとしている研究テーマは、計画理論の真髄だ」というお言葉。おそれ多く、それに対して真意もわからずに「はい、恐縮です……」と答えるのがつねでした。

計画、プランニングとは、ある政策課題の解決のために目標を設定し、その目標達成に向けた適切な道筋と方法論をデザインすること。そのデザインプロセスを合理的なものにするための学問として「計画理論」が存在する、と筆者は理解しています。過去のプランニングの領域には、イギリス産業革命における都市環境の問題、戦後復興期のインフラの整備など、比較的クリアな課題がありました。しかし現在、問題は複雑化し、利害関係者も多様化して誰でも納得できる政策上の課題が見えないのです。だからこそ、住民主体のまちづくりが求められているわけですが。

つまり、いまやプランニングの課題は、住民たち利害関係者たちで「うん、そうしよう」と納得して進められるか、という対話合理性（きちんと関係者で議論して決めたかどうか）の確保が重要になっているのです。こうした対話合理性を考えるうえで、まさに住民一人一人の「心」の問題を扱わなければならない、それが鐘ヶ江先生の先の発言につながる、筆者はそう理解するようになりました。

第三の暴走が起こったのは、博士課程のころ。論文などのための資料が見つけられないでいたとき、偶然であったのが本書の共著者の一人、環境心理学を専門とする園田美保氏でした。園田氏は場所への愛着などのドンピシャの概念を、丹念な文献調査の結果として、論文「住区への愛着に関する文献研究」にまとめていたのです。そして、筆者の暴走。

鹿児島県の短期大学に勤務する園田氏の研究室に、まったく面識もないまま押しかけていき、筆者が考えていることを園田氏に伝えたのです。そこで、まちづくりという領域での心理の問題の欠落について、お互いに共有し合ったのでした。ここから、原風景が研究テーマだった同じく本書の共著者の呉宣児氏を、地域コミュニティにおける社会関係資本の研究をしていた大槻知史氏を、園田氏がみごとに「内集団」として巻き込んでいきました。議論の進み方はゆっくりでしたが、地域への愛着というテーマに「愛着」をもつ四人が、それを共有していきました。

そして第四の暴走です。博士論文を書きながら、環境心理学と計画論とのあいだに、大きなギャップがあることがわかってきたのです。なぜなのか？　なぜ、お互いの研究成果を重ね合わせた知見が都市計画に活かされていないのか。それを直接学びたくて、近代都市計画の発祥の地、イギリスに行くことを決意します。まだ博士課程も終わっていない段階で……。

公衆衛生学などで世界的に評価の高いイギリスのシェフィールド大学、公共福祉研究センター[★1]の当時のディレクター、ブラジエ教授[★2]、そしてツチヤ教授[★3]の両先生に、直接、博士課程修了後の受け入れをお願いしに乗り込んだのでした。もちろん、初対面です。

そしてこの大学には都市計画学部があり、何よりも「環境心理学ジャーナル」[★4]の初期のエディターで、イギリスにおける環境心理学の第一人者の一人で

★1　Centre for Well-being in Public Policy

★2　Professor John E. Brazier

★3　Professor Aki Tsuchiya

★4　*Journal of Environmental Psychology*　4章5参照

あるスペンサー先生[★1]が、名誉教授として在籍されていたからです。先生には首尾よくコー・アドバイザーをお引き受けいただきました。

なんとかぎりぎり大学院を出たのち、鐘ヶ江先生の多大な支援をバックに、シェフィールド大学にわたりました。そこで環境心理学という分野の理論的理解のために勉強。世界中の研究者が集まる研究センターに在籍し、多様なバックグラウンドを持つ仲間と議論しました。それでも、筆者が考えるテーマを共有するという意味での仲間は見つかりません。イギリスを拠点としながら、ヨーロッパ各地で開かれる環境心理学系の国際学会で発表を重ねました。スイスでの共同研究の発表では、園田氏、大槻氏も駆けつけてくれました。

本著を執筆するまでの以上の過程をふり返ってみると、奥田隆男教授、鐘ヶ江秀彦教授、二人の偉大な恩師からの、点と点をつなぐ鋭いご指摘とご指導、そして、以上四つの暴走を許し、理解を示してくださったさまざまな関係者の皆さま、また共著者のお三人が、何にも代えがたい存在でした。「水平的関係性」のなかでさまざまな議論をしながら、前に進み続けることを共有してくれた仲間たちです。

園田美保氏の「住区への愛着に関する文献研究」[★2]は、現在、本書のみならず愛着をめぐるさまざまな研究で引用され、必読文献となっています。

大槻知史氏が、コミュニティ防災の専門家としてまさにさまざまな現場で「ま

★1 Christopher Spencer

★2 「九州大学心理学研究」3 二〇〇二年（前出）

ちづくり心理学」を実践した成果が、本書の貴重な事例となっています。氏の「みんながやろうとして挫折してきた〈ふわっとしたテーマ（まちづくり研究における心理的問題）をお前が成仏させろ〉という大学院時代からの言葉は、プレッシャーでもあり、大きな支えにもなりました。

呉宣児氏は、原風景研究の第一人者として、つねに共同研究や、本書の執筆にさいしても大きな視野を提供してくれました。たとえば本書のキーワード「場所への愛着」。ともすれば環境心理学研究で好まれる、統計分析を駆使した「冷めた」概念に閉じ込めがちなところを、呉氏は「ナラティブ」なアプローチで、よりリアルな、包括的に記述可能な形にしてくださいました。

この三名の共著者に、あらためてこの場を借りて感謝の気持ちを伝えたいと思います。

最後に。四つの暴走をしたと書きました。しかし、じつはすでに五つ目の暴走をしているのではないか、編著者としてそう感じています。『まちづくり心理学』。この本を手にとってくださった多くの方が期待されるであろう「タイトルにふさわしい、心理学的アプローチから、何かまちづくりに使える具体的な方法があるのではないか?」というご期待に応えるものになっているか、その点ではまだまだ、課題は山積みだと考えています。

実践例は、共著者たちが直接関わったものに限定されています。地域の特性もバラバラです。しかも、それぞれのプロジェクトを運営しながら関与してきたものばかりで、プロジェクトの当事者として観察してきた情報に、多くの事例の考察が依拠しています。長いプロジェクトを通じて、どのような関与やインターベンション（介入）が影響を持ちえたのか、各事例で紹介した関与の影響を、学術的に検証することが必要不可欠です。その点で、本書でご紹介した事例の追跡、追加の調査が今後の大きな課題です。

それでも、本書の執筆者たちは、読者のみなさまのご批判をいただく前提で、「暴走」をあえてしてみようと考えました。

まさにこの原稿を書いている二〇一八年三月一一日、あの未曽有の被害を出した東日本大震災から七年目となりました。いまだに、多くの人々が避難所生活を強いられています。帰宅困難区域に住まわれていた方々は、ふるさとにいつ帰れるかもわからない生活を余儀なくされています。それは、筆者の商店街の衰退などよりもより深刻な、ふるさとの喪失です。

国が特例法で進める高台移転も、経済問題だけでなく、先祖代々の土地、住み慣れて思い入れの強い場所を去るというような困難な問題を考えあわせると、容易ではありません。それでもまだ、こうした本書で扱うような場所への愛着などの問題が、正面切って政策や計画、メディアなどで扱われることはほとんどないのです。ましてや、学術的研究として注目されることもほとんどない、少なくとも計画系の領域では。

震災にとどまらず、少子高齢化の進展で「都市だたみ」や「地域だたみ」「コンパクトシティ政策」に注目が集まってきています。まちの周辺部を閉じて、まちを高密度、高機能なコンパクトシティにしたほうが行財政効率が高い。しかしそんな説明で、住民がすすんで住み慣れた場所を離れるわけがありません。こうした難問に取り組むとき、本書で議論したような心理的なテーマが、正面から政策の現場で扱つかわれるようになる未来がくることを期待して、不完全で見切り発車ながら、この本書を出版させていただきました。

最後に、本著の出版にあたり、この未熟な本構成の案にもかかわらず発刊の許可を出してくださった名古屋外国語大学出版会の編集長・大岩昌子教授、そして、筆者たちの遅々として進まない執筆作業を後押しし、乱文を読めたモノに編集するために多大なご尽力をくださった出版会の編集主任・川端博氏、事務局の皆様方に、共著者を代表して心より御礼申し上げます。

そう遠くない未来、「暴走」ではなく「通常運転」版の新たな取り組みがご紹介できることを誓って。

二〇一八年八月　共著者を代表して　城月雅大

著者略歴

城月 雅大　しろつき まさひろ

・名古屋外国語大学現代国際学部国際教養学科准教授
・2003年名古屋外国語大学国際経営学部卒業、2005年立命館大学大学院政策科学研究科博士前期課程修了、修士（政策科学）、2008年立命館大学大学院政策科学研究科博士後期課程修了、博士（政策科学）
・日本学術振興会特別研究員
・立命館大学立命館グローバルイノベーション研究機構（R-GIRO）ポストドクトラルフェロー、英シェフィールド大学 Centre for Well-being in Public Policy ポストドクトラルリサーチフェロー、高知大学教育研究系地域協働教育学部門特任助教、名古屋外国語大学現代国際学部専任講師を経て現職。特定非営利活動法人コモンガーデン副理事長を兼務。
・専門は住民参加論、まちづくり心理学。

共著

吉越昭久・伊津野和行・鐘ヶ江秀彦編『文化遺産防災学事始め』（2008）
日本国際観光学会監修『観光学大事典』（2007）

論文

Bridging the Gap between Planning and Environmental Psychology: An Application of Sense of Place for Visioning of Public Policy, *Asian Journal of Environment-Behaviour Studies*, Volume 1, Number 3 (2010)　他

・大学生のころからまちづくりに関心を持つ。大学院生生活の5年間、京都市内の花街をフィールドに、まちづくり協議会での合意形成の過程を考察。現在は、まちづくりNPO 法人を共同設立し、愛着の持てるコミュニティガーデンの創出事業にも携わる。

園田 美保　そのだ みほ

・鹿児島女子短期大学教養学科准教授
・1996年九州大学教育学部卒業、1998年九州大学大学院教育学研究科修士課程修了、修士（教育学）、2002年九州大学大学院人間環境学研究科都市共生専攻博士課程単位取得後退学
・高知リハビリテーション学院言語療法学科講師を経て現職に。
・他に現在、鹿児島大学や大分大学で環境心理学の講義を担当。
・専門は環境心理学、社会心理学など。

著作

『誠信 心理学辞典［新版］』誠信書房（2014）、『環境心理学の新しいかたち』誠心書房（2006）、『新訂　教育文化論ー人間の発達・変容と文化環境ー』放送大学教育振興会（2005）、『子どもたちの「居場所」と対人的世界の現在』九州大学出版会（2003）などに執筆。

・20代のころに大学院生として、福岡市南区地域づくり推進事業の一つ「那珂川フィールドワーク」の企画・運営グループに加わる。2018年現在は鹿児島市事業評価監査委員会、鹿児島市環境審議会、鹿児島市地域福祉計画推進委員会などの委員をつとめる。

大槻 知史 おおつき さとし

・高知大学地域協働学部准教授／高知大学防災推進センター危機管理分野准教授
・1999年立命館大学政策科学部卒業、2001年立命館大学大学院政策科学研究科博士前期課程修了、修士（政策科学）、2004年立命館大学大学院政策科学研究科博士後期課程修了、博士（政策科学）
・慶應義塾大学SFC研究所上席所員、立命館大学衣笠総合研究機構ポストドクトラルフェロー、高知大学総合科学系地域協働教育学部門准教授を経て現職
・他に現在、立命館大学歴史都市防災研究所　客員研究員、福島大学うつくしまふくしま未来支援センター客員研究員、高知市市民と行政のパートナーシップのまちづくり条例見守り委員会委員　等
・専門はコミュニティ防災論

主な著書など

上田健作、大槻知史、新藤こずえ『NPO経営自己評価マニュアル』南の風社（2013）
吉越昭久・伊津野和行・鐘ヶ江秀彦編『文化遺産防災学事始め』(2008)
Satoshi OTSUKI, Kazuhiko AMANO, Makoto HARADA, Ikumi KITAMURA, Jintetsu RE, Yuki SASAIKE, Satoru MIMURA: Development of SASKE-NABLE: A Simulation Game utilizing Lessons from the Great East Japan Earthquake, The proceedings of The 46th International Simulation And Gaming Association Annual Conference, 2015
福島大学うつくしまふくしま未来支援センター防災教材開発プロジェクト編『東日本大震災・ふくしまの経験を生かしたシミュレーションゲーム　さすけなぶる　実施マニュアル』（2015）他

・高知にやって来て、自然に育まれた多様な暮らしぶりや飾らない県民性、美味しいお酒に感動。高知県を日本の中の独立国「カツオ国」ととらえなおしたうえで、その豊かな自然と文化を将来に残すために、コミュニティ防災や地域への愛着・誇りを活かした地域おこしに取り組んでいる。

呉 宣児 お そんあ

・共愛学園前橋国際大学国際社会学部教授
・1989年韓国の済州大学日語日文学科卒業、1996年お茶の水女子大学家政学研究科修士課程修了、修士（家政学）、2000年九州大学大学院人間環境学研究科都市共生デザイン専攻博士課程修了、博士（人間環境学）
・日本学術振興会外国人特別研究員（九州大学）、九州大学教育学部助手を経て、2004年から共愛学園前橋国際大学へ就任。2012年 City University of New York の環境心理学プログラムで客員研究員。
・専門は環境心理学、文化発達心理学。

主な著書

単著『語りからみる原風景ー心理学からのアプローチ』萌文社（2001）。共著：『こども・若者の参画ーR. ハートの問題提起に応えて』　萌文社（2002）、『環境心理学の新しいかたち』　誠心書房（2006）、『ディスコミュニケーションの心理学ーズレを生きる私たち』東京大学出版会（2011）、『子どもとお金ーおこづかいの文化発達心理学』東京大学出版会（2016）、「前橋市の地域づくり事典」上毛新聞社出版部 (2017)

・前橋は自分の子どもにとって原風景の地であると思いながら2004年から前橋で子育て・仕事をしてきた。前橋市の地域づくり活動に年に数回だけだが2008年からあわい関わりを持ってきており、また前橋市市民提案型パートナーシップ事業におけるNPOの活動を選抜審査や事後報告を通して眺めてきた。毎日赤城山を眺めながら、ここは私の第二の故郷だと思う。

まちづくり心理学
名古屋外大ワークス……NUFS WORKS 4

2018年９月30日　初版第１刷発行
2019年10月31日　初版第２刷発行

著者　城月 雅大（編著）
園田 美保　大槻 知史　呉 宣児

発行者　亀山郁夫
発行所　名古屋外国語大学出版会
420-0197　愛知県日進市岩崎町竹ノ山57番地
電話　0561-74-1111（代表）
http://www.nufs.ac.jp

カバーデザイン・ブックレット基本デザイン　大竹左紀斗
本文デザイン・組版・印刷・製本　株式会社荒川印刷

ISBN 978-4-908523-13-7

名古屋外大ワークス……NUFS WORKS

発刊にあたって「深く豊かな生き方のために」

今ほど「知」の求められる時代はあるまい。これから学ぼうとする若者や、社会に出て活躍する人々はもちろん、より良く生き、深く豊かに生を味わうためにも、「知」はぜったいに欠かせないものだ。考える力は考えることからしか生まれないように、考えることをやめた人間は「知」を失い、ただ時代に流されて生きることになる。ここに生まれたブックレットのシリーズは、グローバルな人間の育成をめざす名古屋外国語大学の英知を結集し、わかりやすく、遠くまでとどく、考える力にあふれた「知」を伝えるためにつくられた。若いフレキシブルな研究から、教育者としての到達点、そして歴史を掘りぬく鋭い視点まで、さまざまなかたちの「知」が展開される。まさに、東と西の、北と南の、そして過去と未来の、新しい交差点となる。さあ、ここに立ってみよう！

名古屋外国語大学出版会

食と文化の世界地図

佐原秋生・大岩昌子著　名古屋外大新書 01

新書判・230ページ●定価1，200円＋税

世界を14等分したら見えてきた、新しい地球の姿！　日本、東南アジア、ヨーロッパ、アフリカ、南北アメリカなど、どこでどんな「食」が生まれ、育ち、交流してきたのか。人間に直結する食べ物・食べ方がコンパクトにまとめられた、画期的な「食文化地理学」の誕生。各地の代表的な料理のほか、文学、音楽、政治、ジェンダーなどの「食べるコラム」も充実。著者の佐原秋生氏は、料理評論家の第一人者として活躍中（名古屋外国語大学名誉教授）。料理・レストラン関係の著作多数。大岩昌子氏（名古屋外国語大学教授）は、「世界の食文化」講座を担当、チーズをはじめとする世界の食、フランス語、フランス文化関連の著作、翻訳、論文多数。

世界教養72のレシピ

名古屋外国語大学編　名古屋外大新書

新書判・240ページ●定価1，200円＋税

自分を新発見するメニューがここにあります！　世界は一つではなく、無数の文化からなっている、世界をその多様性・多元性のなかで考えること――。名古屋外国語大学（亀山郁夫学長・ロシア文学者）が構築した「世界教養プログラム」は、こうした考え方に重点を置く「教養知（人文、学際、社会）」の体系講座です。外国語、アート、国際政治、音楽、文学、ポップカルチャー、ネット社会、アニメなど、あなたの人生を豊かにしてくれる、教養カタログとして読んでいただければ幸いです。可能性を開くための72の扉が開きます。

NUFS英語教育シリーズ

英語が好きな子供を育てる 魔法のタスク

～小学校英語のために～

佐藤一嘉・矢後智子編著　B5判・120ページ●定価2，500円＋税

2020年度から実施される次期学習指導要領では、小学校の英語が拡充されます。それに先立ち、文部科学省は、18年度からの2年間を「移行期間」と位置づけ、英語の授業を前倒しで増やすと発表しました。いよいよ小学校英語の時代が始まります！

本書は、外国語大学ならではの画期的なメソッドを生かしたタスク集です。授業の導入にさきがけ、教員だけでなく、さまざまな英語インストラクターにも貴重なテキストとなるものです。すぐに使えます！（小学校5・6年生向け）

目次

名古屋外国語大学出版会　既刊書

世界が終わる夢を見る

亀山郁夫著　Artes Mundi叢書

四六判・288ページ●定価1,500円＋税

われわれは見捨てられたのか？　9.11、3.11以後の世界に、生きる価値はあるのか……。ドストエフスキー　高村薫　アンゲロプロス　村上春樹　平野啓一郎　中村文則　タルコフスキー　辻原登。現代の文人・映画人などと切り結ぶ、渾身の文化芸術論、批評、エッセイ、対談。空前の力作「村上春樹『1Q84』論」など、すべて単行本初収録。

著者より……黙過、神殺し、傲慢、災厄……そして、共苦から希望へ。「歓び」の泉が枯れるという事態を、何としても回避しなければならない。大きな災厄の時代だからこそ、私たちの一人ひとりが、豊かな「歓び」の発見に努め、魂に確実な潤いを待ち続けなくてはならないのだ。

協同学習で物語を読む

新居明子著

リテラチャー・サークルとサイレント・ディスカッションを活用したリーディング授業

B5判・104ページ●定価1,300円＋税

いま話題の「アクティブ・ラーニング」の理想的な参考書登場！　学習者のコミュニケーション能力を高める、学ぶ者主体のリーディング授業を行う鍵が、「協同学習」と「物語作品」にあった！　全員参加型の楽しいグループワーク活動。大学の英語教員はもとより、中学・高等学校の英語の授業などで、さまざまな協同学習を行う英語教員、国語教員も必読の1冊。ワークシートなどの資料も豊富に掲載。

魯迅　後期試探

中井政喜著　名古屋外大出版会の学術書

A5判・424ページ●定価6,500円＋税

「阿Q正伝」「吶喊」などの名作をあらわした世界的な作家、魯迅。日本の現代文学にも多大な影響を与え、いまも読みつがれる偉大な作家、魯迅。その没後80年の記念の年、2016年。わが国の魯迅研究の第一人者による、決定的研究が集大成された。

【あとがきから】日本で、これまでの魯迅研究は、数多くの優れた研究がなされてきた。しかし魯迅の文学論と思想面の研究における、前期と後期の継承と発展の関係について論究したものは少ないと思われる。

【目次】から「祝福」について／「離婚」について／「阿金」について／「進化論から階級論へ」……。

サミットがわかれば世界が読める

高瀬淳一著　ブックレット版「名古屋外大ワークス1」

A5判・76ページ●定価740円＋税

世界の主要国の政治リーダーが集まる会議、サミット。いまや機能不全におちいった国連に代わり、世界の経済、政治などの大きな問題を動かしている。その知られざる実態を、簡潔明快に伝える本。

お近くの書店にてお買い求めください

名古屋外国語大学出版会　既刊書

留学と日本人

丹羽健夫著　ブックレット版「名古屋外大ワークス2」

A5判・88ページ●定価800円＋税

最澄・空海から明治維新、ノーベル賞受賞者まで……。なぜ彼らは海を渡ったのか⁉　島国・日本をうごかしてきた影の原動力、それが留学だ。海外を目ざす人々の指針にもなるコンパクトな本。

アボリジニであること

濱嶋　聡著　ブックレット版「名古屋外大ワークス3」

A5判・120ページ●定価1200円＋税

先住民族、少数民族の文化・歴史・言葉がわれわれに伝えるメッセージ。衝撃の学術ドキュメント！

《オーストラリアの先住民族「アボリジニ」をご存知ですか？》

わずか130年で人口が4分の1に激減した彼らに、いったい何が起こったのか。数百も存在したオリジナルな言語は、つぎつぎに消滅、文化や教育までが「同化政策」のもとに奪われていった。10年以上に及ぶ現地調査をふまえ、アボリジニ、さらにトレス海峡諸島民のたどった激烈な歴史、現状をレポート。

お近くの書店にてお買い求めください